中国自动化学会发电自动化专业委员会 / 组编

U0149801

电子皮带秤
安装、维修与校准

丁乙崟　杨勇 / 主编　　孙长生 / 主审

中国电力出版社

CHINA ELECTRIC POWER PRESS

内 容 提 要

为确保电子皮带秤在长期运行中始终保持其计量准确度，必须对电子皮带秤的安装、维修与校准工作进行严格的控制。

本书介绍了电子皮带秤概述、电子皮带秤选用和安装、电子皮带秤运行维护与故障处理、电子皮带秤的校准和在线期间核查标准研究、电子皮带秤新型计量和故障诊断设备以及电子皮带秤的相关技术研究。

本书可为从事电子皮带秤工作专业人员规范性地进行电子皮带秤的安装、维修、校准、日常维护和监督管理工作提供参考，也可作为从事电子皮带秤的设计、工程实施、技术管理和智能化煤场建设的技术人员或高等院校等相关专业的学习、培训教材。

图书在版编目（CIP）数据

电子皮带秤安装、维修与校准 / 丁乙盎，杨勇主编；中国自动化学会发电自动化专业委员会组编 . —北京：中国电力出版社，2020.7

ISBN 978-7-5198-4198-0

Ⅰ．①电…　Ⅱ．①丁…②杨…③中…　Ⅲ．①电子秤－皮带秤－安装②电子秤－皮带秤－维修③电子秤－皮带秤－校正　Ⅳ．① TH715.1

中国版本图书馆 CIP 数据核字（2020）第 022699 号

出版发行：中国电力出版社
地　　址：北京市东城区北京站西街 19 号（邮政编码 100005）
网　　址：http://www.cepp.sgcc.com.cn
责任编辑：娄雪芳　董艳荣
责任校对：黄　蓓　王海南
装帧设计：王红柳
责任印制：吴　迪

印　　刷：三河市航远印刷有限公司
版　　次：2020 年 7 月第一版
印　　次：2020 年 7 月北京第一次印刷
开　　本：787 毫米 ×1092 毫米　16 开本
印　　张：5.5
字　　数：105 千字
印　　数：0001—2000 册
定　　价：32.00 元

编 写 单 位

组编单位 中国自动化学会发电自动化专业委员会

主编单位 浙江省温州发电有限公司

参编单位 上海蓝箭称重技术有限公司、国网浙江省电力公司电力科学研究院、浙江省能源集团有限公司、浙江省电力股份有限公司、浙江浙能镇海发电有限责任公司、山西国际能源裕光煤电有限责任公司、浙江浙能宁夏枣泉发电有限责任公司、浙江浙能乐清发电有限责任公司浙江省计量科学研究院

编 写 人 员

主　编 丁乙鲞　杨　勇

副主编 虞上长　王剑平　吴志海　丁永君

参　编 杨明花　丁俊宏　许　峰　关　键　戴敏敏
　　　　　房小满　王　杰　李文华　翁献进　檀　炜
　　　　　贺增耀　李式利　阮　光　海　浩　王毅朝
　　　　　杨海滨　王　蕙　薛丁富　裘尧华

主　审 孙长生

前　言

　　电子皮带秤是在皮带输送机输送物料过程中同时进行物料连续自动称量的一种计量设备，其计量的公正、准确、高效与否，将直接影响企业经济效益及企业间的成本核算。如何保证现场电子皮带秤的可靠运行，方便、快捷地对其及仪表参数进行校验，一直是电子皮带秤领域关心的主题。此外，目前发电厂智能化电厂建设话题热议中，如何实现电子皮带秤运行精度实时监测与自动远程校验，也正引起人们的重视、研究与探索。

　　为提高电子皮带秤的运行可靠性，在浙江省能源集团有限公司的支持和中国自动化学会发电自动化专业委员会的组织下，浙江浙能温州发电有限公司等单位联合开展了"电子皮带秤安装维修与发展的研究"，通过本公司积累的和调研收集省内外单位的电子皮带秤安装、维修经验与教训的分析、总结、提炼，结合"电子皮带秤在线远程自动校验与诊断"科研项目的研究成果，编写了本书。

　　本书共分6章，分别为电子皮带秤概述、电子皮带秤选用和安装、电子皮带秤运行维护与故障处理、电子皮带秤的校准和在线期间核查标准研究、电子皮带秤新型计量和故障诊断设备，以及电子皮带秤的相关技术研究。书中提供了一些典型问题的分析、原因查找、处理经验的提炼和总结，可为从事电子皮带秤工作的专业人员规范性地进行电子皮带秤的安装、维修、校准、日常维护和监督管理工作提供参考，也可作为从事电子皮带秤的设计、工程实施、技术管理和智能化煤场建设的技术人员或高等院校等相关专业的学习、培训教材。

　　本书编写过程得到了各参编单位领导的大力支持，参考了同行们大量的技术资料、学术论文、研究成果、规程规范和网上素材，中国自动化学会发电自动化专业委员会专家们在科研项目的进行与审查中提出了许多宝贵意见，在此一并表示感谢。

　　最后，鸣谢参与本书策划和幕后工作人员！存有不足之处，恳请广大读者不吝赐教。

编者

2020 年 5 月

目 录

1

电子皮带秤概述

皮带输送机是各类矿石、煤炭、焦炭、砂石等固体物料的主要输送工具。电子皮带秤是在皮带输送机输送物料过程中同时进行物料连续自动称量的一种计量设备，其特点是称量过程连续和自动进行，通常不需要操作人员的干预就可以完成称重操作，因此在国际法制计量组织（OIML）的 R50 国际建议及 GB/T 7721《连续累计自动衡器（皮带秤）》中，均称这种计量设备为"连续累计自动衡器"。当电子皮带秤的计量数据作为企业内部的经济核算或企业之间贸易结算的时候，要求按照 JJG 195《连续累计自动衡器（皮带秤）检定规程》的要求定期进行检定。

对于企业之间，大宗连续散料交易计量的公正、准确、高效与否，将直接影响企业经济效益及企业间的成本核算；对于企业内部，燃料、原材料等计量的准确性将对产品质量和生产成本造成较大影响。因此，用于煤炭、矿石等固体散料计量的电子皮带秤的校验方法是港口码头、大型火力发电、冶金、煤炭、建材、化工等行业十分关注的问题。

1.1 皮 带 秤 的 前 世

衡器是确定物体质量的一种称重计量器具，是使用最普遍、数量最多的一种计量装置。我国早在公元前 16 世纪商朝、西周时就已经有称量物料的简单衡器。公元前 5 世纪的春秋时期，"墨经·经下"中对木杆秤已有文字记载。德国在 1888 年就造出一台 100t 的秤，用它来称量过大炮和装甲车。

为了能快速自动地称量散状物料，英国艾弗里（Avery）公司生产了利用可多次定量称量的自动料斗秤（称为计数秤），并在 1880 年获得型式批准，其用于整船装货计量。因为自动料斗秤可以将连续输送过程断开，所以用两台交叉运行的静态称重料斗秤实现物料计量。在类似整船装货的输送过程中，直到目前还在使用这类定量称量自动料斗秤，只不过采用的是电子定量称量自动料斗秤。在这样的输送过程中常常要用到皮带输送机，人们自然就会想到是否可以在皮带输送机上直接安装一台秤，让皮带输送机一边输送物料，一边由秤进行计量。这样的秤要求连续和自动地运行，运行过程中不需要人参与，其应用难度远高于静态衡器。

1908 年，美国人赫尔伯特·梅里克（Herbert·Merrick）发明了一种皮带输送机使用的称重设备，是根据皮带速度和重量用机械方法进行物料输送量计算的世界上第一台动态称重设备，这一发明完全改变了原有测量固体物料流量的方法。赫尔伯特·梅里克用这项发明成立了梅里克（Merrick）公司，开始生产电子皮带秤。到目前为止，梅里克公司仍然是世界上最著名的电子皮带秤生产厂商之一。

梅里克型机械式电子皮带秤圆盘式积算器的关键设备是一个圆盘形的积分轮，秤架上的物料荷重通过机械转换装置转换成积分轮转轴与水平线的倾斜角度 θ，在积分轮轮子外缘的圆周上装有多个小滚轮，小滚轮可在一根转动的小皮带的带动下旋转，从而带动积分轮转动。积分轮转动时，其轴旋转从而使计数器工作。输送机皮带速度越快，小皮带的速度也越快。但是积分轮转轴旋转的速度取决于两个因素，一个是小皮带的速度，另一个是积分轮倾斜的角度。秤架上的物料荷重越大，积分轮倾斜的角度 θ 越大，在小皮带同样速度带动下积分轮的转动速度越快，因此，积分轮转轴旋转的速度代表了秤架上的物料荷重与输送机皮带速度的乘积。

在机械式衡器出现多年以后，1936 年美国加利福尼亚理工学院教授 E·西蒙斯 (Simmons) 和麻省理工学院教授 A·鲁奇 (Ruge) 分别同时研制出粘贴型纸基丝绕式电阻应变计，由美国 BLH 公司专利生产。BLH 公司和 Revere 公司利用上述电阻应变计研制出的应变式负荷传感器，用于工程测力和称重计量。在此之后，以带应变计式负荷传感器为主流的电子衡器取得了飞速发展，并且迅速地取代机械式衡器，特别是在工业生产中，目前几乎已由电子衡器统领了。

电子皮带秤也不例外，随着传感器技术和电子仪表技术的发展，速度传感器及负荷传感器迅速取代了机械式电子皮带秤的相应机构，而对速度、重量信号进行放大处理及实现包括乘法、累计运算在内的各种运算，都可以放在电子仪表中完成，称量准确度提高了，秤架机械部分的结构大大简化了，因此，电子皮带秤迅速全面地取代了机械式电子皮带秤。

机械式电子皮带秤在我国的影响非常深远，1954 年辽宁沈阳衡器厂试制了第一台梅里克型机械式电子皮带秤，随后大连衡器厂、江苏徐州衡器厂、山西长治衡器厂先后开始生产 IGL 型机械式电子皮带秤，即滚轮式电子皮带秤。在 20 世纪 50 年代到 70 年代，国内使用的电子皮带秤几乎都是机械式电子皮带秤。即使是 20 世纪 80 年代初期，国内有色金属行业最大的引进项目——江西贵溪冶炼厂的配料系统，引进日本大和公司生产的梅里克型配料也是机械式电子皮带秤。

北京起重运输机械研究所和营口仪器三厂，从 20 世纪 60 年代后期开始研制出 DZCB 型电子皮带秤并逐步取代机械式电子皮带秤，因此，直到 20 世纪 80 年代，国内机械式电子皮带秤才基本淘汰。

国外从 20 世纪 50 年代开始使用电子皮带秤，国内则从 1965 年开始研制生产电子皮带秤。时至今日，虽然核子电子皮带秤、固体质量流量计、冲量式流量计、失重式秤、转子秤等多种固体物料连续计量设备也有一定规模的应用，它们仍无法与电子皮带秤相比，也无法撼动电子皮带秤作为固体物料连续自动称重主流计量设备的地位。

目前，国外主要的电子皮带秤生产厂家有美国梅里克公司、拉姆齐（RAMSY）公司；德国的申克公司（SCHENCK）、西门子（SIMENS）公司；加拿大的妙声力公司（后加入了西门子公司）；日本大和（YAMATO）、UNIPULSE 公司等。国内主要的电子皮带秤生产单位有上海自动化仪表有限公司、上海蓝箭称重技术有限公司、上海衡器厂、上海工业自动化仪表研究所、营口仪器三厂、长沙黑色矿山设计研究院、湖南计算机厂、成都科学仪器厂、徐州衡器厂、江苏赛摩、徐州三原等。

1.2　电子皮带秤的工作原理

电子皮带秤作为固体散状物料连续自动称量主流计量设备，其结构主要由称重传感器、测速传感器、称重桥架、积算器、数字变送器、传输线路和二次仪表等组成。其中，装有称重传感器的称重桥架安装在输送皮带的纵梁上，当物料经过称重桥架支承的称重计量托辊时，检测皮带上的物料重量通过杠杆作用于称重传感器，产生一个正比于皮带载荷的毫伏电压输出信号。测速传感器直接安装在从动滚筒（或测速托辊）上，由它提供一系列数字脉冲，每个脉冲表示一个相应位移脉冲的频率正比于皮带速度。称重传感器和速度传感器输出信号通过数字变送器和传输线路送至积算器，积算器再通过 CPU 将皮带运动的位移信号和皮带载荷信号进行积分，并进一步将其进行各种处理，得出瞬间流量值和一段时间内的累计量，然后将瞬时流量和累计量在显示器上显示出来。同时积算器实现了与计算机、打印机进行远程通信，实施数据自动采集和对电子皮带秤的各种控制。

目前，大部分生产厂家的电子皮带秤的放大器，大部分是将称重传感器的 $0\sim20\text{mV}$ 信号直接传送到计量仪表中进行放大。由于称重传感器的信号只有几毫伏到几十毫伏，电压传输过程中一方面会衰减；另一方面在复杂的现场环境中电压信号易受干扰，所以无法进行远距离传输，这就决定了积算器只能放在距离现场几十米的地方。美国拉姆齐公司的 14A 型和上海蓝箭称重技术有限公司的 ICSBW 系列的仪表，将负荷传感器的微弱信号和测速信号直接在现场的数字变送器内进行放大，并经过高精度 AD 转换及数据预处理后，再以数字编码的形式传输到积算器，然后再进行一系列的数据处理，这样的结构有效地提高了传输的距离和现场抗干扰能力。

电子皮带秤的数学模型如下：

物料通过秤架的实际累计量同秤架上方有效称量段上物料的重量以及皮带速度有以下关系，即

$$Q = q/L \tag{1-1}$$

$$F = Q \times v \tag{1-2}$$

$$Z = \int_0^t F \mathrm{d}t \tag{1-3}$$

式中　Q——输送带单位长度上物料的质量，kg/m；

　　　q——称量托辊所受的力，即称量段负荷，kg；

L——有效称量段长度，m；

F——物料瞬时流量，kg/s；

v——速度传感器测出的输送皮带的速度，m/s；

Z——物料累计量，kg；

t——称量时间，s。

电子皮带秤的计量数学模型可以简化为

$$q = \int_{x_0}^{x_1} (CAL \times AD - NUL) \times \mathrm{d}x \qquad (1\text{-}4)$$

式中 CAL——实物标定系数，俗称跨距系数；

$\qquad AD$——皮带上物料的负荷测量值；

$\qquad NUL$——零位系数，俗称皮重；

x_0、x_1——有效称量段起始及终了位置；

$\qquad x$——皮带移动的位移。

煤量的称量段负荷是实物标定系数去除零位系数后的积分。

由于每一带式输送机的长度、带宽、带速、出力、安装位置等运行工况均不同，所以导致每一皮带的张力、带厚及皮带的软硬程度等也不同。另外，带式输送机在长时间运行后一些机械特性会发生改变，这些因素的存在会使电子皮带秤的误差变大，长期稳定性不好。因此，电子皮带秤运行稳定性尤其显得重要。

1.3　GB/T 7721 有关内容

电子皮带秤是一种工作环境比较恶劣的动态计量器具，它在计量过程中经常会因为被输送物料的洒落、卡阻以及输送带的跑偏和张紧的变化导致计量性能指标达不到相应的标准准确度等级要求。因此，GB/T 7721 对电子皮带秤的运行、标定和指标给出了相应的规定：

（1）规定了皮带输送机型连续累计自动衡器（以下简称"电子皮带秤"）的术语、产品型号、要求、检验方法和规则、标志、包装、运输和贮存，为以溯源的方式评价电子皮带秤的计量特性或技术特性提供了标准化的要求、试验程序及表格。GB/T 7721 适用于利用重力原理，以连续的称量方式，确定并累计散状物料质量的电子皮带秤，以及与单速皮带输送机或变速皮带输送机一起使用的电子皮带秤。

（2）规定了能检验电子皮带秤某些功能的运行检验装置。该装置可以用模拟载荷装置（链码、循环链码、小车码等）模拟物料通过电子皮带秤的效果，或用砝码、挂码、标准电信号模拟单位长度恒定载荷的效果，或对相等时间间隔内单位长度载荷的两次积分进行比较。

（3）规定了自动称量的最大允许误差，对应于每一准确度等级自动称量的最大允许误差（正的或负的）应是表 1-1 中累计载荷质量的百分数，若需要可将这个百分数化整到最接近于累计分度值（d）❶ 的相应值。

表 1-1　　　　　　　　　　　　　　自动称量的最大允许误差

准确度等级	累计载荷质量的百分数（%）	
	首次检定、后续检定	使用中检验
0.2	±0.10	±0.20
0.5	±0.25	±0.50
1	±0.5	±1.0
2	±1.0	±2.0

（4）规定了影响因子试验的最大允许误差，对应于每一准确度等级影响因子试验的最大允许误差（正的或负的）应是表 1-2 中累计载荷质量的百分数化整到最接近累计分度值（d）的相应值。当对称重传感器或含有模拟元件的分离电子装置（如累计显示器）进行影响因子试验时，被测模块的最大允许误差应是表 1-2 中相应规定值的 0.7 倍。

表 1-2　　　　　　　　　　　　影响因子试验的最大允许误差

准确度等级	累计载荷质量的百分数（%）
0.2	±0.07
0.5	±0.18
1	±0.35
2	±0.70

（5）规定了最小累计载荷应不小于下列各值的最大者：

1）在最大流量下 1h 累计载荷的 2%。

2）在最大流量下皮带转动 1 圈获得的载荷。

3）对应于表 1-3 中相应累计分度值的载荷。

表 1-3　　　　　　　　　　　　最小累计载荷的累计分度值

准确度等级	累计分度值 d
0.2	2000
0.5	800
1	400
2	200

（6）规定了单速电子皮带秤的最小流量（Q_{min}）应等于最大流量的 20%。在某些特殊安装的情况下，可以使电子皮带秤物料输送的流量变化率（最大流量与最小流量之比）小于 5∶1，最小流量应不超过最大流量的 35%。对于散状物料输送开始时与输送结束时

---

❶　GB/T 7721 中质量单位表示的两个相邻显示值的差值。

的物料流量变化率不计。

（7）规定了累计显示器零点累计的鉴别力、零点的短期稳定性以及零点的长期稳定性指标，分别如下：

1）累计显示器零点累计的鉴别力为无论是往承载器上加放还是从承载器上取下，一个等于下列最大称量百分数的载荷，持续 3min 其获得的电子皮带秤无载示值和有载示值之间应有一个明显的差值：

a. 对 0.2 级电子皮带秤为 0.02%。

b. 对 0.5 级电子皮带秤为 0.05%。

c. 对 1 级电子皮带秤为 0.1%。

d. 对 2 级电子皮带秤为 0.2%。

2）零点的短期稳定性为无载荷情况下电子皮带秤以最大皮带速度运行 15min，前后的零点示值之差的绝对值不应超过累计期间最大流量 Q_{max} 累计载荷的下列百分数：

a. 对 0.2 级电子皮带秤为 0.0005%。

b. 对 0.5 级电子皮带秤为 0.0013%。

c. 对 1 级电子皮带秤为 0.0025%。

d. 对 2 级电子皮带秤为 0.005%。

3）零点的长期稳定性为在无载荷情况下电子皮带秤以最大皮带速度运行 3.5h，前后的零点示值之差的绝对值不应超过累计期间最大流量 Q_{max} 累计载荷的下列百分数：

a. 对 0.2 级电子皮带秤为 0.0007%。

b. 对 0.5 级电子皮带秤为 0.0018%。

c. 对 1 级电子皮带秤为 0.0035%。

d. 对 2 级电子皮带秤为 0.007%。

GB/T 7721—2017 中，主要增加了 0.2 级电子皮带秤，0.2 级电子皮带秤主要针对被输送的物料价值较高、一些带速较低（0.1～0.5m/s）、流量较小（每小时几吨或更小）、皮带状态很好的场合。而对于输送砂石、矿粉、煤炭等工业现场，由于现场带速较高（3～4m/s）、流量较大（2000～5000t/h），皮带状态不是很理想，跑偏、张力变化较大，皮带粘料、撒料等情况严重，所以不太可能达到 0.2 级指标。

因此，实际使用电子皮带秤时，要想使电子皮带秤在一个较长的时间周期内保持一定的准确度，除了与产品质量、安装位置、安装质量及环境条件等因素有关外，还与日常维护和校验周期密切相关，需要在电子皮带秤运行过程中，满足 GB/T 7721 的有关技术指标，保证电子皮带秤始终运行在可靠的计量状态中。

1.4　电子皮带秤校验原理与方法

电子皮带秤作为固体散状物料连续自动称量主流计量设备，其结构主要由传感器、秤架、二次仪表 3 大部分组成，在实际应用过程中，要想使电子皮带秤在一个较长的时间周期内保持一定的准确度，除了与产品质量、安装位置、安装质量及环境条件等因素有关外，与日常维护和校验周期密切相关。

由于每一带式输送机的长度、带宽、带速、出力、安装位置等运行工况均不同，导致每一皮带的张力、带厚及皮带的软硬程度等也不同，另外，带式输送机在长时间运行后一些机械特性会发生改变，这些因素的存在使电子皮带秤的误差变大，长期稳定性不好。而这些影响因素也只能通过物料校验进行补偿，也就是说安装在带式输送机上的每一台电子皮带秤都必须进行个性化的物料校验补偿，才能得到准确的测量结果。但受现场使用条件限制，很难采用物料校验的方式对每一台电子皮带秤进行校验补偿，目前电子皮带秤的校验方法主要分为实物校验、模拟载荷校验（循环链码校验法、静态挂码法和动态挂码法）和最近几年出现的双砝码自动叠加法校验。

1.4.1 实物校验

实物校验就是用已知重量的物料对电子皮带秤进行校验，它又分为实物校验法和物料叠加法。

1. 实物校验法

实物校验法是最权威的检定和试验方法，也是最符合电子皮带秤使用工况、最准确有效的校验方法，但该方法需要安装一个相当于被校电子皮带秤最大瞬时流量下一小时输送量 2% 容量的大型料斗（对于额定流量为 3200t/h 的电子皮带秤来说需要配置 64t 的料斗），配置一个高准确度的电子料斗秤，可以安装在皮带输送机物料输送的流程中间，以作为物料称重用的控制衡器。为了保证电子料斗秤的使用精度，配有标准砝码，标准砝码的加载、卸载均由电动机构完成，通过量值的传递，保证系统的检测准确度。其校验过程费工、费时、复杂、麻烦，需要耗费大量的人力物力，因此只有对电子皮带秤准确度要求高的行业，如火力发电厂、部分冶炼厂、化工厂等资金雄厚的企业或一部分新建企业才采用实物校验装置。另外，在校对试验过程因需停止正常生产作业且停运时间较长，一般电厂只能采用每月定时校对试验，不能确保全过程中电子皮带秤的精度，同时，受在运行过程中的皮带跑偏、电子皮带秤支架卡涩等动态因素影响，电子皮带秤离校验时间越长，精度越低，同时该方法也不能实现在线校验。因此，新建电厂已越来越少采用实物校验法作为电子皮带秤的校验办法。

2. 物料叠加法

经实验证实物料叠加法准确度无法满足校验要求，在此不作介绍。

1.4.2 模拟载荷校验

模拟载荷校验中比较常见的有循环链码校验法、静态挂码法和动态挂码法等。

1. 循环链码校验法

循环链码校验法装置于 20 世纪 80 年代初期开始在我国一些工厂使用，用于解决电子皮带秤试验难以进行的问题。

装置安装在电子皮带秤秤体处的输送机下方和两侧位置，对电子皮带秤进行校验时，装置自动平稳地将辊码或挂码落放在电子皮带秤秤体上，以完成电子皮带秤准确度的动态校验。操作过程中，由电控装置自动升降辊（挂）码，校验时降下辊（挂）码，使辊（挂）码压放在秤体秤架上，以模拟均匀物料通过，用以检验称重传感器与秤体的精度和稳定性；校验结束时，自动升起辊（挂）码，收至原位。

循环链码校验法的优点是结合了实物标定与非实物标定的优势，利用链码标定，链码跟随皮带一起移动，循环往复地运动，保证了运动状态和原理与实物标定相似，又省去了实物标定所带来的麻烦与不便，并且也具有自动化的控制系统，能方便、快捷地进入或退出标定状态。但循环链码仍然是集中载荷，虽然解决了相对运动、摩擦力、牵引力等因素对电子皮带秤测量精度的影响，但因不是在皮带载料的情况下称重，两者产生的皮带张力变化截然不同（静态校验产生不了载料时那么大的皮带张力），因此仍然不能消除皮带张力变化截然不同产生的测量误差。

循环链码校验法也有不足之处。"循环链码与实物检验电子皮带秤的比较"❶ 中写道：循环链码校验法与实物校验比对准确度的相对误差，在试验机上的测试结果为 1.23%，在河南姚孟电厂 4 号机组甲侧电子皮带秤测试为 1.164%，乙侧电子皮带秤测试为 1.12%；在常熟电厂长皮带上的测试为 2.1%；在托克托电厂单托辊直承式秤架两组上测试甲侧电子皮带秤为 4.28%，乙侧电子皮带秤为 7.2%，在四托辊悬浮式秤架上测试超过 5%。因此，得出的结论是循环链码校验法装置校验电子皮带秤准确度无规律性、趋向性，只是各种不同输送系统中动态称量时的系统误差的反映。不能直接检验电子皮带秤，必须通过实物校验装置检定合格，在获取修正系数后方可作为日常维护电子皮带秤准确性的检验手段。2000 年 12 月，以中国计量科学研究院为首的全国质量计量技术委员会电子皮带秤试验方法比对试验小组，在江苏常熟电厂进行电子皮带秤与循环链码的比对试验。试验小组的基本结论也是：电子皮带秤物料试验装置的"最大误差"小于循环链码。

2. 静态挂码法和动态挂码法

当皮带输送机处于静止状态时进行的挂码试验称为静态挂码法，在启动皮带输送机情况下进行的挂码试验称为动态挂码法，动态挂码的优点是试验结果反映了皮带输送机运行状态下的部分干扰。挂码试验简单易行，但试验结果往往与物料试验结果相差较大，即准确性稍差，特别是对安装准直性较差、托辊间距不精确、承载器稳定性较差的单托辊秤或单杠杆秤尤其明显。

---

❶ 严荣涛，检验测试，2012 年，第 41 卷，第 9 期。

由上述介绍可见，循环链码校验法、静态挂码法和动态挂码法各有缺陷，装置都较庞大，其准确性又受到其本质和原理的限制，加上都存在一个共性问题，即不能很好地模拟电子皮带秤在进行散状物料输送计量时的皮带张力、跑偏、电子皮带秤支架卡涩等动态情况，也无法及时发现和消除这种动态因素对电子皮带秤误差造成的影响。

1.4.3　双砝码自动叠加法校验

鉴于1.4.1和1.4.2情况，浙江浙能温州发电有限公司在浙能集团的支持下，率先进行了科技立项，联合浙江省计量研究院、浙江省电力公司电力科学研究院和上海蓝箭称重技术有限公司，在中国自动化学会发电自动化专业委员会的指导下，开展了《电子皮带秤在线期间核查技术规程》研究、制定和"双砝码叠加法电子皮带秤在线自动校验与故障诊断装置"的开发，以消除外界因素造成电子皮带秤测量误差，实现电子皮带秤运行精度实时监测，使带式输送机正常输送物料时在线自动进行物料校验，保证在电子皮带秤的校验工况和实际使用工况相一致的前提下自动完成动态称量，从而提高电子皮带秤长周期运行的准确性、稳定性和可靠性，减少电子皮带秤测量误差带来的节能损失。

（1）建立电子皮带秤双砝码自动叠加法校验的数学模型，研制一套高准确度、高可靠性、易于在现有电子皮带秤上加装的双砝码叠加法电子皮带秤在线自动校验装置；解决电子皮带秤目前校验中存在的问题和在进行散状物料输送计量时的皮带张力、跑偏、电子皮带秤支架卡涩等动态因素对电子皮带秤测量误差造成的影响。

（2）通过研制的双砝码叠加法校验装置，在不影响正常生产的情况下，实现煤计量装置的远程在线校验和故障诊断。

（3）制定DL/T 2064—2019《电子皮带秤在线期间核查技术规程》，提高电子皮带秤在线运行精度和运行可靠性。

双砝码叠加系统结构简单，占用空间小，叠加的双砝码直接置于输送物料过程中的皮带机秤架上，可以排除输送物料过程中的皮带机张力带来的影响，由于在校验过程中整圈双砝码累计叠加量可以达到总累计量的50%，从而减小了校验误差。使电子皮带秤在线校验的误差不大于±0.7%，实现电子皮带秤在线计量数据的实时远传及在线远程自动校验。由于校验过程是在物料输送的过程中进行的，且两台电子皮带秤实时比对，互为备用，这样又可以及时发现问题，当其中一台发生故障时，系统自动进行报警，并用另一台作为主计量秤继续运行，提高系统的可靠性，避免等到输送物料结束后才发现计量数据错误而无法挽救。其次，该系统可以在带式输送机正常输送物料时自动进行校验，使电子皮带秤的校验工况和实际使用工况相一致，自动完成动态称量、在线物料校验和实时监测电子皮带秤运行精度等，确保电子皮带秤长期运行的准确性、稳定性和持久性。

1.5　电子皮带秤运行可靠性研究与发展

目前在进行的各种校验方法中，都还存在一个共性问题，即无法及时发现和消除电子皮带秤在进行散状物料输送计量时的皮带张力、跑偏、电子皮带秤支架卡涩等动态因素对电子皮带秤测量误差造成的影响。因此，如何方便、快捷地对现场的电子皮带秤以及仪表参数进行校验，提高测量精度，一直以来是电子皮带秤领域关心的主题。此外，在目前发电厂智能化建设话题热议中，如何实现电子皮带秤运行精度实时监测与自动远程校验，也正在作为智能化煤场建设，进一步挖掘节能空间，提高电厂效益的一部分，引起人们的重视、研究与探索。

2015年11月24日，中国科学技术协会、北京市政府和工信部在北京联合举办的2015年世界机器人大会上，中国科学技术协会颁布了由中国电子学会、中国自动化学会等单位联合成立的团体标准委员会批准的包括《电子皮带秤在线期间核查技术规范》在内的4个中国电子学会标准。《电子皮带秤在线期间核查技术规范》依据国家标准，利用主秤、副秤在"相等时间间隔内单位长度载荷的两次积分的比较"以及双砝码叠加"模拟单位长度恒定载荷的效果"的方法，规定了电子皮带秤的计量要求，在线期间核查的要求、方法和结果处理，制定原则遵循规范性、可操作性和适用性，具有系统性、实用性和通用性特点，能够为相关技术人员科学化、规范化、标准化地开展电子皮带秤的期间核查提供指导和依据。对提高电子皮带秤运行可靠性起了有效的作用。

电子皮带秤在线核查系统主要是解决了在线核查问题，对电子皮带秤运行中出现的各种故障仅仅起了"警示"的作用，如何利用大数据和人工智能的方法，能够对电子皮带秤现场的故障进行"故障诊断""故障定位"；如何有效判断电子皮带秤的故障原因，在何处出现故障；如何进行有效服务，实现智能化应用。"电子皮带秤在线故障诊断"的研究和开发就是在这样的背景下提出的。

为了解决电子皮带秤在线核查中的"故障诊断""故障定位"和"自恢复"问题，有效提高电子皮带秤运行的稳定性和可靠性，上海蓝箭称重技术有限公司联合浙江省计量科学研究院和浙能温州发电有限公司的科技人员在"电子皮带秤远程自动校验装置"研究成果的基础上，进行"电子皮带秤在线核查能力提升"的再研究与开发，研制了"电子皮带秤故障诊断及自恢复系统"。系统能够通过电子皮带秤各传感器的工作状态、瞬时流量以及皮带速度，在运行中对各个参数进行实时监控，运用人工智能和大数据进行分析，得出各个传感器之间的数据相关性，及时发现电子皮带秤输送计量时出现的各种物料卡涩、秤架积料、皮带跑偏、传感器故障等影响计量性能的动态因素，智能化地进行故障诊断及故障定位，从而指导操作人员方便地对有故障的部位进行消缺或更换处理；在问题出现又无法停止生产进行处理时，能利用人工智能自恢复系统在发生非致命性故障时自动进行应急工作模式转换，进行有效的自恢复处理，以保证煤燃料计量数据准确、可靠。

随着智能化新技术的发展，替代电子皮带秤各种新的计量技术和设备也对传统的计量技术和设备提出挑战，如带计量料斗的卸船机和基于动态修正的原煤仓分炉煤计量系统等，满足了电厂多层次的需求。

带计量料斗的卸船机目前已经成功地运行在南京西坝港务有限公司的 5、6、7、8 号卸船机和华电句容储运公司的 4 台卸船机上，基于动态修正的原煤仓分炉煤计量系统在浙能乐清电厂也连续运行了很长时间，运行的情况证明这两种设备的长期运行精度均高于普通的电子皮带秤，且长期稳定性好，故在相应的领域里有替代电子皮带秤的可能。

2 电子皮带秤选用和安装

2.1 电子皮带秤的选用

由于每一带式输送机的长度、带宽、带速、出力、安装位置等运行工况均不同，导致每一皮带的张力、带厚及皮带的软硬程度等也不同。另外，带式输送机在长时间运行后一些机械特性会发生改变，这些因素的存在使电子皮带秤的误差变大，造成长期稳定性不好。因此，要选择最适合应用的电子皮带秤，并在选择时兼顾考虑电子皮带秤的三因素：预定用途、被计量物料种类、准确度要求。

电子皮带秤按预定用途，大体可分为过程监控秤、配料秤、计量秤和贸易结算秤 4 种，它们的主要区别是对计量准确度要求不同，其中：

（1）过程监控秤：主要用于工艺过程参数的监视，对计量准确度要求不高。

（2）配料秤：主要用于定量给料或配比给料，对配料准确度和计量准确度都有一定的要求。

（3）计量秤：用于企业重要原材料计量或企业内部的经济核算，对计量准确度要求较高。

（4）贸易结算秤：用于企业之间往来物料的计量，对计量准确度要求最高。

虽然电子皮带秤的实际用途确定了其要求的准确度，但在选型之前，仍需提出确切的准确度要求。电子皮带秤主要由秤架、传感器和积算器组成，根据电子皮带秤的预定用途及电子皮带秤要求的准确度，可参照表 2-1 来选择秤架的结构形式。

表 2-1　　　　　　　　秤架各种结构形式的主要性能

结构形式	精确度（%）		秤架费用	特点	适用场合
	一般	较好			
单杠杆秤、单托辊直接承重的悬浮秤	2～3	1	低	结构简单，安装方便；对皮带输送机及安装质量要求高；受皮带张力，皮带跑偏的影响大	配料秤、过程监控秤
多托辊悬浮秤、双杠杆秤	0.5～1	0.5	高	称量长度长，称量精确度高；受皮带张力、皮带跑偏的影响小；秤架庞大，结构较复杂	物料块度大或给料不均匀场合称重的计量秤、贸易结算秤
悬臂秤	0.5～2	0.5	高	结构小巧、配置方便；不受皮带张力、皮带跑偏、皮带厚薄的影响；称量精确度较高；下料点位置变动影响精确度	配料秤、专为提高称量精确度而设计的计量秤

续表

结构形式	精确度（%）		秤架费用	特点	适用场合
	一般	较好			
整机秤	1～2	0.5	高	结构小巧、配置方便；皮带输送机短，有利于改善皮带输送机状况及保证安装质量，提高称量精确度	配料秤、专为提高称量精确度而设计的计量秤

对过程监控用的电子皮带秤，可以选用单杠杆秤、单托辊直接承重的悬浮秤。对配料用的电子皮带秤，可以选用单杠杆秤，单托辊直接承重的悬浮秤、悬臂秤或全悬浮多托辊形式的电子皮带秤。当皮带机长度大于 25m 时，一般可选全悬浮多托辊形式的电子皮带秤；现场空间狭小，进料口与排料口中心距为 2.0～5.0m 时，可选单托辊、双托辊的悬浮秤。对计量和贸易结算用皮带秤，可选用全悬浮多托辊形式的皮带秤。

就结构形式及称重托辊组数来说，单杠杆式秤架的准确度要比双杠杆式秤架的准确度低，称重托辊组数少的秤架准确度要比称重托辊组数多的秤架低。

秤架结构形式确定后，可选择具体的生产厂家和产品型号。选用时，要综合考虑各种型号电子皮带秤的性能、准确度、外形尺寸、积算器功能、价格等因素。同时兼顾其输出信号（如 0～10mA、4～20mA、1～5V）应满足系统选用的控制器等设备对输入信号的要求，其中：①类似装车、装船用计量秤的积算器，当累计量达到设定值时要求能够自动给出触点信号，以便停止给料设备；②对于需要上传数据或集中控制的场合，要求积算器带 RS232 接口、RS485 接口、网络接口或现场总线 Profibus、DP 总线，以便向上位控制系统传送计量数据、积算器内部参数以及对电子皮带秤进行各种有效的控制。

2.2 电子皮带秤的安装环境

电子皮带秤的安装使用状况直接影响到其称量准确度，电子皮带秤的安装要确保皮带上物料所产生的力能够真实地传递到称重传感器而不能有任何附加影响，因而在实际的安装、使用中要注重满足以下要求：

（1）应充分考虑皮带输送机周边现场环境，其秤体部位应尽量避免遭受风雨、振动等环境的干扰影响，同时应避免有腐蚀性气体的侵入，电子皮带秤的积算器以及接线盒应安装在无振动、无强电磁干扰、防水防尘无结露的环境下。保证电子皮带秤称重单元的输出信号不会因受到相应的外界影响而影响电子皮带秤的称量准确度。

（2）电子皮带秤的称重秤架在安装时应稳固、水平，不能左右倾斜；否则将因称重托辊的受力不均而影响称量准确度，并且可能使皮带跑偏。称重托辊应处在同一平面上，托辊支架的中心应在同一直线上且与皮带输送机上的皮带运行中心相重合；否则将使皮带左右摆动，影响电子皮带秤的称量准确度。另外，电子皮带秤的测速系统应安装正确，保证测速电动机不丢转、跑偏。由于皮带机的皮带本身对称量也会产生很大的影响，所以安装时不仅要防止皮带跑偏，同时还必须保证皮带有足够稳定的张力，并配备皮带自动张紧装置和防跑偏装置。

（3）电子皮带秤的称重控制仪应当选择远离变频器、大功率电动机等大型交流机电设备安装，以远离强电磁干扰。电子皮带秤的信号电线不能与动力电缆线放入同一桥架中，屏蔽电缆线应当可靠连接，电子线路布局应规范、可靠。

（4）电子皮带输送机的运行状况与电子皮带秤的安装有很大关系，如果皮带输送机的状况不好，就根本谈不上精确地计量，因此设计前要充分了解皮带输送机的状况。另外，电子皮带秤的检定和试验条件是保证电子皮带秤正常计量使用的关键，检定和试验内容应事先确定，以便为检定和试验工作的开展配备必要的设备。

（5）安装环境要求皮带输送机的皮带本身质量均匀，厚度及单位长度重量偏差较小，托辊为平托辊或槽形托辊，槽形角不大于35°，且运转灵活、偏心度小。皮带输送机必须采用重力张紧调节装置，重力张紧装置一定要灵活，能上、下自然滑动才能真正起到张力调整的作用，否则不能保证称量准确度。

使用皮带输送机的目的是输送物料，输送机的整体设计也是以保证物料输送为主。对于安装电子皮带秤，如果现场的安装环境不理想，应设法改善安装使用环境。如必须控制物料流量，使物料流量尽量均匀；若皮带使用时间较长，皮带胶结段数多，胶结处质量不均匀，必须换用新的皮带；再如皮带输送机上的托辊偏心度大、运转不灵活，应该换掉不符合要求的托辊，甚至将连同与秤架相邻的前后各4组托辊组全部换掉，创造一个较为理想的局部安装环境条件，以满足高准确度测量的需要。

要想用好电子皮带秤，在很大程度上取决于安装环境、安装位置和安装质量。对一台有较高准确度要求的电子皮带秤来说，其产品自身的质量只占1/3，而安装环境、安装位置和安装质量占1/3，日常维护占1/3。

2.3　秤架安装位置的选择

秤架安装位置的选择对皮带秤的测量准确度和稳定性有着密切的关系，必须选择皮带张力值较小且皮带张力变化值小的地方；物料进入称量段前应在皮带上稳定下来，不应有下滑现象；安装在皮带输送机的直线段部分，应离卸料点有一定距离且在皮带输送机的尾端，如图2-1所示，此位置为皮带输送机张力和张力变化最小的地方。

秤架离落料导料槽口的距离可根据皮带速度来定，如图2-2所示。

当 $v=1.5\text{m/s}$ 以下时，$3\text{m}\leqslant x<5\text{m}$。

当 $v=1.5\sim2.5\text{m/s}$ 时，$5\text{m}\leqslant x<8\text{m}$。

当 $v=2.5\text{m/s}$ 以上时，$x\geqslant8\text{m}$。

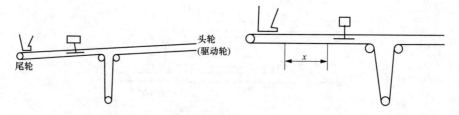

图 2-1　带输送机的直线段部分安装示意图　　图 2-2　秤架离落料口的距离示意图

　　秤架应安装在倾斜度小，周围振动小，干燥、清洁的地方。皮带输送机较短或只能安装在离驱动轮较近的地方时，则秤架离驱动轮必须有 2～3 组的过渡托辊以减少皮带张力的影响。当皮带输送机托辊槽角为 0°或 20°时，应有 2 组过渡托辊，如图 2-3 所示。

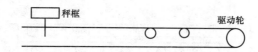

图 2-3　托辊槽角为 0°或 20°时，2 组过渡托辊安装示意图

　　当托辊槽角为 30°或 20°时，应有 1 组 30°托辊组、2 组 20°托辊组加以过渡，以减少皮带张力，如图 2-4 所示。

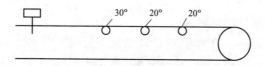

图 2-4　托辊槽角为 30°或 20°时，1 组 30°托辊组、2 组 20°托辊组安装示意图

　　秤架的准直性校准是非常重要的。在电子皮带秤秤架的安装过程中，应将秤架上所有称量托辊及与秤架前后各相邻 2～3 组托辊的对应部位校准成一条直线。若秤架上的称量托辊与其相邻的托辊没有准确地进行校准，不但几组称量托辊受力不均，而且皮带运行时皮带张力的垂直分量就会作用在称重托辊上，从而影响计量性能。

　　安装秤架部分的皮带输送机结构，必须保证承受最大额定载荷。变形不超过 0.1%，如果刚度不够，则必须在皮带输送机秤架安装的部位进行加固，如图 2-5 所示，在秤框的支承点下用槽钢支承在基座上，并在秤架左右的 3～4 组托辊组下支承两组槽钢，以提高皮带输送机的刚度。

　　秤架上的托辊及秤架相邻间三组托辊的同心度要保证在 0.5mm 以下。并要求转动灵活，不能有卡死或转动卡住的现象。

　　对于 0.5 级电子皮带秤的皮带倾斜角度不得超过 6°，其他等级秤的皮带倾斜角度一般不超过 18°，要能确保料通过秤架不至于下滑，以免物料重复进行计量。

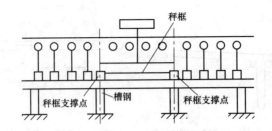

图 2-5　皮带输送机秤架安装的部位进行加固示意图

1. 在较长皮带输送机中室外安装的秤架

秤架必须根据风向在皮带机的两旁装上以秤架为中心左右各 30m、高度为上下各 1.2m 的挡风墙，如图 2-6 所示。

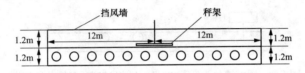

图 2-6　挡风墙安装示意图

2. 在可移动的皮带输送机上安装电子皮带秤

其倾斜角度必须按设计要求加以固定，每当倾斜角度有变化时，必须重新进行校正和进行实物标定，以确保称量准确度。

装有挡板的皮带输送机，在秤框左右其挡板不能碰到皮带。因此，挡板应离开皮带 10~12mm，并采用硬橡皮材料制作，如图 2-7 所示。

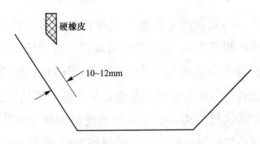

图 2-7　硬橡皮材料制作挡板安装位置示意图

在皮带输送机较长的情况下，需安装跑偏导向托辊时，必须要离开秤框 12m 以上，不能太近，太近会影响秤框的工作状态，影响称量准确度，如图 2-8 所示。

输送计量黏性物料时，输送机必须装有刮板装置，以保证皮带上没有物料黏住，否则会影响计量准确度。另外，输送机在运送物料时，物料需要保持均匀，否则应装上挡刮板，把物料刮平，使物料较均匀通过秤框，以提高计量准确度。

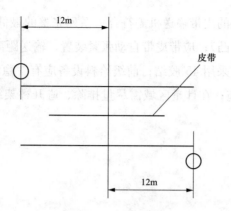

图 2-8　跑偏导向托辊安装示意图

3. 皮带输送机有下凹时

秤架应安装在离凹段切点至少 12m，并应靠近尾轮段，如图 2-9 所示，如离尾轮段无地方安装，必须装在首轮段时，也需离开切点 12m，但头轮处皮带张力较大，将会降低称量准确度。

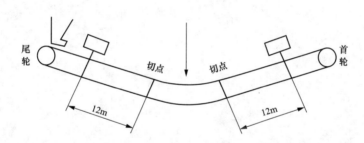

图 2-9　皮带输送机有下凹时秤架安装示意图

4. 皮带输送机有上凸时

秤架应安装在离凸段切点至少 12m，并应靠近尾轮段，若尾轮段无地方安装，必须装在首轮段时，也需离开切点 12m，且头轮处皮带张力较大，将会降低称量准确度。

根据安装要点选择好秤架的安装位置，确定秤架的中心线并做好记号，并检查在秤架的区域内，皮带机的纵梁的直线性、水平性和强度，如直线性水平较差，应给予校直。

按照秤架上安装孔的位置精确地进行钻孔，在进行此项工作时，必须认真仔细。这些安装孔的尺寸和中心线，将直接影响秤框安装及今后系统的称量准确度和长期的稳定性。

5. 速度传感器的安装

速度传感器的测速滚轮应安装在皮带输送机称量区域附近的皮带上，速度传感器的支架可安装在皮带机的纵梁上，速度传感器滚轮与皮带之间应有足够的摩擦力，以保证测速滚轮的正常转动。

对于安装电子皮带秤的皮带输送机需符合一系列完整的最低设计要求，这其中包括：输送面应平直（不得有凹凸）；应带皮带自动张紧装置；输送距离在 $30\sim90m$ 范围内；皮带不允许有破损且接头应采用 $45°$ 胶结；前级给料设备应有"稳流"措施；在计量区域应有不少于 $30m$ 的防风设施；在计量区域需尽量排除、避开秤架结构会发生共振的几个关键频率。

3

电子皮带秤运行维护与故障处理

电子皮带秤因计量的物料输送量大且长时间承受重压，所以其误差会逐渐增大，影响其计量精度。而计量精度的影响程度又与运行维护的有效性密切相关。

电子皮带秤的运行维护由日常维护和检验组成，包括秤体的机械维护和计量积算器的零点和量程示值调整。通过日常的维护和检验，可以维持安装后或定期检定时已经正确调好的工作状态。为保持电子皮带秤的称量准确度，操作人员应在每日工作开始前对秤体的机械部分进行检查和维护，计量人员则要定期对秤的零点和示值进行检验调整。做好这些工作，不但可以确保电子皮带秤的正常运行，提高生产效率，而且有利于减少电子皮带秤的运行故障、延长电子皮带秤的使用寿命。

3.1　工作开始前的维护

电厂控制不了安装好的电子皮带秤设备生产质量，但电厂专业人员可以控制好电子皮带秤使用与维护工作。为了防止电子皮带秤在工作过程中出现这样或那样的问题，导致电子皮带秤设备不能正常运行，影响机组的正常发电，特别要注意工作开始前的检查处理，包括电子皮带秤工作前的静态机械维护和空载运行时的检查处理，这些工作对保证电子皮带秤正常运行不可忽视。

1. 电子皮带秤工作前的静态机械维护

（1）检查减速电动机、减速机油位应正常，给关节轴承注润滑脂。

（2）检查皮带秤秤框、皮带清扫器、皮带张紧设备、皮带密封的挡皮、辊筒和托辊应无损坏，电子皮带秤皮带上应无异物，辊筒和托辊滚轮外表应无黏附的物料，下料溜子应无物料、大块或其他异物。如不满足要求，应对上述部件及其他影响计量的部位上物料、异物和灰尘进行清除。

（3）紧固机械部位连接部分螺母，防止松动情况发生。查看各皮带设置开关、跑偏开关、速度开关、防逆设备应正常，电子皮带秤称重传感器周围无异物卡塞。

（4）检查并修正皮带托辊，使之介质水平。

2. 空载运行时的检查处理

（1）如果发现转动部分有异常声音或发热现象，应及时进行检修。

（2）如果发现皮带托辊有径向摆动、皮带跑偏或皮带蛇行时，应进行修正。

（3）如果发现皮带与计量托辊等接触不良或旋转不灵活时，应进行修理。

（4）对电子皮带秤进行 2h 的空载运行。

在进行上述检查工作时，应确认现场电子皮带秤的巡检人员已经到位，确保电子皮带秤在后续的工作过程中，如出现问题可以及时发现且马上处理。

3.2 电子皮带秤的零点和量程调整

3.2.1 电子皮带秤的零点调整

1. 零点变化的原因

电子皮带秤属于动态称量设备，由于各种干扰因素多，其零点会经常发生变化，导致电子皮带秤计量不准。而零点变化直至超差的原因，一般与皮带机系统的下述因素有关：

（1）物料输送量大，皮带输送机的皮带上有粘料。

（2）长时间使用后电子皮带秤的称重桥架上积煤卡煤。

（3）皮带与托辊的黏合性能（秤架的水平和垂直性）发生变化。

（4）有大块物料卡在皮带秤称重桥架内未能清除。

（5）受环境自然条件和长时间运行的影响，皮带输送机的皮带张力变化。

（6）皮带输送机的皮带不均匀。

（7）电子测量元件发生故障，如称重传感器严重过载使零点产生飘移、仪表放大器零点漂移。

（8）运行环境发生变化。

2. 对计量人员的要求

为了电子皮带秤计量准确，电子皮带秤维护人员应针对上述问题，定期清洁设备上的杂物，保证设备干净、整洁，对称重托辊进行润滑，保证运动的灵活性，根据情况及时调整皮带张紧装置使皮带张力在正常范围内、皮带连接时采用胶粘法或环行皮带以保持皮带均匀。同时，应定期进行零点校准，这对保证计量精度准确是必不可少的前提，因此要求计量人员：

（1）定期用标准信号源检测仪表及传感器，如损坏，及时更换。

（2）定期进行零点校准，通常要求每班进行一次。

（3）零点是否超差，应在计算零点允许误差后再进行判定。

零点调整前应该按照 3.2.1 要求，做好电子皮带秤工作前的静态机械维护。零点调整（俗称电子皮带秤调皮）前，须先将皮带机空载运行至少 15min 后进行。一般零点调整至少需要 3 次，且 3 次的零点误差应不超过 GB/T 7721 中关于累计显示器零点的短期稳定性指标。如果达不到 GB/T 7721 的要求，应对现场做一定的处理，消除零点不稳定的因素后，重新调整 3 次，直到符合 GB/T 7721 的指标要求为止。

电子皮带秤校零时，如出现零点值重复性差，则说明零点稳定性差，这样会影响电子皮带秤计量精度；如电子皮带秤仪表无异常情况，可重复检查秤架结构的稳定性是否良好、秤架是否受到有关设备影响振动过大、称重传感器与速度传感器本身是否完好、称重信号是否受到干扰等。

3.2.2 电子皮带秤的量程调整

实物校验装置方法是最可靠、最准确的电子皮带秤量程调整方法。因为，此时电子皮带秤的状态与实际使用状态完全一致，在现场对电子皮带秤计量物料的质量用料斗秤进行计量，当实物过秤确定电子皮带秤的误差大于允许误差时，对电子皮带秤的量程根据实物校验装置进行调整。该方法虽能保证电子皮带秤的准确性，但工作量大且比较麻烦，需要电子皮带秤现场调校好后，每天检测一次零点，每周检测一次校验常数，并至少每月做一次实物校验，且在实物校验时做好以下工作：

(1) 皮带调整：在空载及负载运行情况下，在整个范围内，皮带必须调整到与托辊中心对齐，当有偏载时，要对物料进行整形。

(2) 皮带张紧：输送机的张力始终保持恒定是很重要的，因此，建议在安装电子皮带秤的输送机上使用重锤式张紧装置。当皮带张力及拉紧装置需要调整时，电子皮带秤需重新校验。

(3) 电子皮带秤载荷：电子皮带秤载荷均匀对称量准确度提高有利，根据 GB/T 7721，被输送流量必须在额定流量的 $100\% \pm 20\%$ 范围内。如果实际流量和标定流量相差过大，建议重校量程。

(4) 皮带荷载：应调整在仪表量程内，瞬间荷载不应超出量程的 125%，建议电子皮带秤荷载为量程的 $50\% \sim 80\%$，过高、过低的流量都会影响电子皮带秤的精确计量。皮带秤所选用的传感器量程是根据电子皮带秤量程确定的，太大会影响低量程的测量准确度，而太小又会使传感器超载。传感器的量程确定之后，当皮带秤载荷过低时，会使传感器的采集受到影响，因为一般的仪表都会有死区范围，即在死区范围内，其质量以零处理。皮带的质量分布不均匀，万一刚好碰到低载荷在很轻的一段皮带区内，将不计量其数值。当载荷过高时，会使传感器过载。长期处于过载状态，会使传感器受损，直接导致电子皮带秤无法使用。

(5) 物料粘在皮带上，是指物料可能形成一个薄层粘在皮带上。当运输颗粒较细小的物料时，这种情况经常会发生，使用皮带清扫器可以改善这种情况。如果薄层不去掉，则零点值必须重调。

(6) 导料拦板和外罩。在计量段内如果需要设置导料拦板或外罩，它们应不会施加任何外加力于秤上。

(7) 荷重传感器：检查应无明显变形，波纹管等应无异物卡涩住。在维护后需要及时校验时可采取简便方法。

经过以上处理后再进行实物标定，实物标定至少需要进行 3 次，且 3 次的误差应不超过 GB/T 7721 中规定的自动称量的最大允许误差指标。如果达不到 GB/T 7721 的要求，应对现场做进一步的处理，消除不稳定的因素后重新进行实物标定 3 次，直到符合 GB/T 7721 中规定的自动称量的最大允许误差指标为止。

3.3 维护技术要求与常见故障处理

3.3.1 日常维护技术要求

一台安装好的电子皮带秤的特性受外界影响因素较多，要保证其使用的准确度，日常维护及维护方法显得尤为重要。

1. 零点校验和灵敏度校验

零点校验应每天检查一次；灵敏度校验应在安装后每星期检查一次，根据观察结果及要求的准确度，可适当延长校验周期。

2. 清理

每天清除秤称体上的积料和皮带上的黏附物，支点处卡塞的物料，保证秤区清洁，无物料、石块、灰尘等杂物堆积，减少称重基准的变化。每天检查一次皮带是否跑偏、有无打滑现象。

3. 日常巡检

电子皮带秤的日常例行检查和定期校验是确保电子皮带秤准确、可靠的必要手段。在日常例行检查中，应对电子皮带秤上各个影响称量度准确的相关部位进行检查，重点对秤架上称重传感器连接件及称重托辊等重点部位的主要部件进行检查和紧固，并定期对称重托辊和测速滚轮进行检查调整，防止粘料、与皮带接触不良、打滑跑偏的现象发生。

（1）在日常检查中应注意不能对电子皮带秤的称重支架进行压重、踩踏，当检修人员需要站在称重秤架上检修时，必须将称重传感器架空脱开，以防止称重传感器因过载而损坏。

（2）确认电子皮带秤的运行过程中，皮带输送机皮带的张力保持恒定，（这是电子皮带秤计量准确度的可靠保证）。

（3）检查清理电子皮带秤称重秤架上的积料和皮带上的黏物，防止物料卡死秤架，确保称重传感器的受力正常。

（4）在对电子皮带秤称重系统进行检修时，应严禁在安装称重传感器的秤体上进行电焊焊接操作，以免损坏称重传感器，在特殊情况下应当先断开电子皮带秤的电源，然后将接地线直接引到秤体上，但注意焊接时一定不能让电流回路经过称重传感器。

（5）在电子皮带秤的使用过程中其流量最好不要超过最大流量值，这样做不但有助于提高电子皮带秤的计量精度及可靠性，而且还能够提高电子皮带秤的使用寿命。

阵列式皮带秤秤架部分免维护，日常不需要维护，只需关注仪表的各种报警提示，及时检查、处理。适时清扫秤架上的积料，尤其是可能卡住秤架的积料，但需注意清理秤架后必须进行零点校验。

3.3.2 定期维护技术要求

为了确保皮带秤的准确度，除了正常的日常维护外，还应时常进行定期维护工作，并不断总结维护经验和方法，确保有效性。

1. 润滑

称重托辊每年至少润滑 1～2 次，但要注意称重托辊上的润滑脂过多会影响皮带质量并使秤失去校验状态。因此，润滑后应实施零点校验。此外，测速传动部分也应进行定期润滑。

2. 皮带张力

皮带张力始终保持恒定是很重要的，因此，在所有安装皮带秤系统的输送机上使用重锤式或拉紧式张紧装置。皮带张力可以说是目前对皮带秤测量精度影响最大的一个因素，没有拉紧装置或者拉紧装置张力达不到要求，会使皮带张力发生无规则的变化，而且还可能出现打滑现象。保持输送机状态恒定非常重要，安装皮带秤的皮带机必须安装重锤型调整装置，对没有恒定装置的输送机在皮带张力变化和调整装置重新调整后，需要重新校验。

3. 皮带粘料

皮带在运送潮湿物料的过程中经常出现皮带面粘料的现象。因此，要求皮带设置物料清除装置，及时清除黏附在皮带面上的物料。物料也可能在皮带上形成一层长期运行而不能脱落的物料，存这种情况下应实施零点校准以减少误差。

4. 皮带载荷

应防止使物料流速超过设备测量上限 125％ 的极限载荷：超过上述载荷量时容易损伤称重传感器而造成计量不稳定、不准确；皮带载荷应调整在设备的量程以内。反之，过低载荷将会引起准确度的降低。因此，要求皮带负载运行中，应尽可能地满足称重传感器确定的合理流量，以达到最为理想的称量准确度。

5. 传动连接

对传动连接测速传感器等检测设备，应采用定期更换传动销的办法减少连接摆动所产生的磨损：对于非接触磁触点式获取脉冲信号的传感器应定期除尘、定期更换磁块来保证可靠运行。

6. 托辊运动与更换

由于电子皮带秤的称重秤架托辊运动的灵活性以及径向跳动程度等都直接影响到电

子皮带秤的计量精度，所以应经常检查称重托辊转动是否灵活，如发现问题应及时进行调整和加注润滑油，但是应当注意称重托辊调整和加注润滑油后，需要对电子皮带秤重新进行校验。

电子皮带秤的托辊特别是称重托辊长时间运行有可能造成破损失圆或者转动不灵活，这样也就会造成电子皮带秤的皮带运行阻力增加，从而导致计量产生测量偏差，出现这种情况应及时对损坏的托辊进行更换或者维修。

7. 称重秤架机械性伤害

由于称重秤架容易受到外力的机械性伤害，使得电子皮带秤的称重秤架产生变形，从而导致称重受力发生变化，引起计量偏差，这种测量偏差比较明显，并且属于突发性变化，所以很容易就能被发现。只要及时更换或者恢复被损部件即可，但是修复处理完成后一定要重新校秤。

8. 系统校验

系统校验直接影响到皮带秤的测量准确度。因此，这项工作应严格按照设备提供方的用户手册规定程序进行，对要输入的各项基础数据进行认真、详细测量，正确无误地录入。电子皮带秤的一般校验方法有 3 种，分别是实物校验、链码校验、挂码校验。优先推荐实物校验。其校验过程要求如下：

（1）校验之前，全部系统供电不应小于 1h，皮带运行不得小于 0.5h。

（2）GB/T 7721 规定了最小累计载荷应不小于下列各值的最大者：

1）在最大流量下 1h 累计载荷的 2%。

2）在最大流量下皮带转动一圈获得的载荷。

3）对应于 GB/T 7721 相应累计分度值的载荷。

最小累计载荷的累计分度值见表 3-1。

表 3-1 　　　　　　　　　　　　　　最小累计载荷的累计分度值

准确度等级	累计分度值 d
0.2	2000
0.5	800
1	400
2	200

3.3.3　电子皮带秤的定期校验

电子皮带秤的定期校验应每周进行。但发生下列情况之一时则应及时重新校验。

（1）皮带面发生变化，包括皮带更换、加长或缩短，皮带连接卡的更换。

（2）称重传感器更换。

（3）皮带的运行速度发生变化。

（4）秤架的托辊或机架发生受力变化。

（5）通过推算发觉发现较大误差或通过标定程序难以消除时。

3.3.4　常见故障原因与处理

由于电子皮带秤设备工作的环境比较恶劣，有的甚至是在露天情况下工作，所以其发生故障的概率相对高于其他仪表，常见故障如零点和灵敏度漂移、现场接线接触不良、气候条件产生的影响、洒料、皮带打滑、称重传感器故障、速度传感器故障、秤架变形、紧固件松动等，其及时发现与处理，是皮带秤正常计量的保证。

1. 整机无输出

电子皮带秤整机无输出，如确认电源系统正常，则故障通常出在传感器上，称量传感器无桥路电压则不可能有电压输出信号，因此检查并修理传感器。

2. 零点漂移

一般零点漂移与输送系统有关，当发生零点漂移时，将随之发生间隔漂移。一般可以进行下述检查：

（1）秤架上有无积尘积料。

（2）是否有石块卡在秤架内。

（3）运输机皮带粘料。

（4）由于物料的湿度特性，运输机环形皮带伸长。

（5）称重传感器严重过载。

3. 灵敏度漂移

一般灵敏度漂移与系统的测量部件及皮带的张力有关，可检查：

（1）运输机皮带张力变化。

（2）测速传感器滚筒由于粘料使之增大或打滑。

（3）测速系统故障。

（4）称重传感器严重过载。

（5）电子测量元件故障。

除检查中发现的问题及时通过相应的解决方案消除外，还应采取相应的预控措施，防止类似故障重复发生。

4. 现场接线故障

现场接线故障主要由于现场环境复杂造成线路接触不良或损坏，可检查：

（1）检查系统中元件间相应的接线，全部接线按接线图规定进行。

（2）检查全部接线盒连线是否牢固、可靠，检查对地电阻是否符合要写。

（3）接点、焊接处有无松动或不可靠。

处理办法：重点是加强维护培训，保证维修过程接线的可靠性。

5. 传感器检查

（1）在接线端子的速度输入端端子接 AC 电压表，当输送机停止时，其输出为 0V AC；启动输送机，输出说明书所表示的电压，如果没有电压应修理或更换。

（2）通过电阻检查或电压表检查称重传感器。用高性能经校准的数字万用表，检查准确度能达到 ±0.5Ω 和 ±0.1mV，检查传感器的零点输出和桥路完整性，测试结果应该符合说明书规定范围；如果零位发生变化或者组成桥路的电子元件失效或内部短路，应当更换称重传感器。

（3）用量程 50V DC 以下的绝缘电阻表测试传感器的绝缘强度，应在 5000MΩ 以上，否则很可能出现传感器输出不稳定，而且会随温度而变化。

6. 秤架变形

秤架受外力机械性伤害造成的秤架变形，会引起称重受力发生变化，这种故障导致测量偏差比较明显且属于突发性变化，容易发现。

处理办法：更换或恢复被损部件，但是处理完后一定要重新进行秤的零位校验。

7. 电子皮带秤因气候条件产生的影响及解决方法

多变的天气（如雨雪天气，皮带输送机受雨雪侵蚀导致电子皮带秤皮重增加；热胀冷缩的天气，导致输送机皮带的张力发生变化）会影响皮带秤的可靠性：

（1）在露天环境或未封闭的皮带通廊中安装电子皮带秤会使称重数据受到影响。为了避免此类问题，应尽量改善皮带运行条件，将皮带安装在封闭的通廊中或室内，并给皮带增加清扫器。

（2）在气温变化很大时，由于热敏效应，传感器变送器中的电气元件会产生温漂，皮带张力也会因热胀冷缩而发生变化，这些因素会引起空皮带零值偏差和斜率偏差，因此在季节交替时，一定要对电子皮带秤进行零点校验及实物校验，同时调整皮带重力调整装置，保证输送机状态稳定，防止跑偏。

（3）皮带跑偏是在皮带机空载运行或称重过程中胶带中心线偏离输送架中心线的现象，也是电子皮带秤无法完全避免的现象。主要由以下几种原因造成：

1）安装中心线不直。

2）胶带本身弯曲不直或接头（皮带的接头）不直。接头对称重传感器产生的重量附加值及引力影响附加值较大，因此一般采用硫化接头，不允许采用机械接头。同时要保证输送带两边环长最大偏差不大于 10cm。

3）滚筒中心线同胶带机的中心线不成直角，必须重新安装，并保证滚筒轴向中心一致。

4）安装时托辊组轴线同胶带中心线不垂直引起跑偏。胶带往哪跑偏，就将哪边的托辊向胶带前进的方向移动一点。

5) 滚筒不水平引起胶带跑偏。如果安装超差，应调平；如因制造外径不一致，需重新加工滚筒外圆。

6) 滚筒的表面黏结物料，使滚筒成了圆锥面，会使胶带向一侧偏离。一般这是由洒料造成的，应注意防止此现象并经常清理。

7) 胶带一经加上负载就跑偏。一般是由于物料的下料点不在胶带中间，应做相应调整。

8) 胶带空载时发生空皮带跑偏，而加上物料后得到纠正。这种现象一般是初张力太大造成的，应适当调整。

8. 洒料的防止

（1）可在皮带两旁增加挡料板。

（2）在普通环形皮带上增加像城墙上防箭垛的竖边。

（3）选用裙边式环形皮带。

9. 皮带打滑及其处理

输送带是靠其与滚筒间的摩擦力运行的。如摩擦力不够，就可能打滑或不转。皮带打滑造成速度失真，皮带上的物料重复称重。为防止皮带打滑，就要增加皮带和滚筒之间的摩擦力。两者间摩擦力的大小与摩擦系数、接触面及两者之间的正压力成正比，增大摩擦力应从这几方面着手：

（1）增大滚筒与输送力之间的正压力，则需采用张紧装置，它能限制输送带的各支承间的重度，使其具有灵敏的张力，保证不打滑。

（2）一般在功率不大，环境潮湿度小的情况下可选用光面滚筒。

（3）在环境潮湿、功率又大、多打滑的情况下，应采用胶面滚筒，以增加摩擦力。

10. 紧固件松动

因秤架长期运行未做维护，导致紧固件松动产生的计量偏移。这类问题主要反映在仪表校零值不稳定。应重点对称重桥架等相关部件（如传感器连接件、称重托辊等）进行检查和紧固。

11. 称重传感器故障

称重传感器是电子皮带秤的核心元件，阵列式电子皮带秤中共有8个称重传感器，通过终端处理器可以查看每个称重单元的工作状态，实时显示当前传感器上加载的重量。当传感器出现故障时，可将故障的传感器暂时切除，不会影响电子皮带秤正常工作，但精度会略微下降，待停止作业时再安排检修。传感器故障判断方法有两种：

（1）直接在报故障的传感器上加载重量，在终端处理器上观察其重量变化是否与加载的重量相符。

（2）在信号采集单元中测量其电压值，正常情况下电压值为 3~5mV，根据不同传感器的受力情况会有略微差别。测量时需注意在通道插针插上和拔下的情况下分别各测量一次，两次测量结果应保持一致；否则，即可判断故障元件为信号采集板，更换即可排除故障。在进行实际故障处理时，通常把（1）和（2）的方法相结合进行排查。

12. 速度传感器故障

由于皮带表面的起伏及运行时的振动，测速传感器测量的数值并不是恒定的，会在一个相对稳定的范围内波动，所以系统会对测量速度进行处理，小幅度的波动不影响电子皮带秤的计量，当所测量速度出现持续明显异常时，会在仪表上发出故障报警提示。测速传感器的故障点主要为光电开关和测速轮轴承，光电开关损坏时无法测量速度，容易判断。测速轮轴承损坏却比较难发现，因为轴承损坏不严重时还能转动，虽然转动效率会降低，转动过程有卡涩，所测量的速度会降低，但仍然在一个相对稳定的范围内，所以仪表上不会发出故障报警。测量速度比皮带实际转速低会导致电子皮带秤计量数据偏小，而仪表上没有故障报警，因此很难发现故障所在。

正程皮带测速装置的测速轮紧贴在输送皮带的正程皮带下方，又称作上测速装置，如图 3-1 所示。

图 3-1　上测速装置

正程皮带测速装置使用专用的弹性阻尼装置将测速轮紧紧地靠在输送皮带的正程皮带下方，由于输送皮带的正程皮带一直处于较大的张力状态下，加上由被输送的物料紧压着，所以输送皮带的正程皮带的跳动大大小于返程皮带。这样，正程皮带测速装置的测量准确度得到大大的提高，同时正程皮带测速装置的故障率也大大降低。

13. 磁场信号的干扰

设备周围如有强大的磁场信号干扰，则会导致信号传输过程中的波动，使其数据时强时弱或突变，严重时影响电子皮带秤测量值变化。处理办法参见 DL/T 1949《火力发电厂热工自动化系统电磁干扰防护技术导则》。

4 电子皮带秤的校准和在线期间核查标准研究

JJG 195《连续累计自动衡器（皮带秤）检定规程》明确规定了电子皮带秤的检定周期一般不超过 1 年，由于电子皮带秤是一种工作环境比较恶劣的动态计量器具，如前所述，它在计量过程中经常会因为被输送物料的洒落、卡阻以及输送带的跑偏、张紧的变化导致计量性能指标达不到相应的标准准确度等级要求，JJG 195 也要求用户为确保电子皮带秤量值的准确、可靠，应在两次检定之间定期对电子皮带秤进行使用中的核查，每月数次甚至每周一次，这种要求使用目前的校验装置都有当大的难度。

GB/T 7721—2017《连续累计自动衡器（皮带秤)》中 3.3.8.5 指出：

运行检验装置可以是：

（1）用模拟载荷装置（链码、循环链码、小车码等）模拟物料通过皮带秤的效果。

（2）用砝码、挂码、标准电信号模拟单位长度恒定载荷的效果。

（3）对相等时间间隔内单位长度载荷的两次积分进行比较。

这为开展电子皮带秤在线期间核查研究提供了依据。也因电子皮带秤设备本身的不稳定、计量标准、环境、检测方法、检测人员等因素，或多或少地影响着动态条件下的测量结果，为提高运行中计量的准确性和可靠性，电子皮带秤在线核查也非常必要。

4.1　电子皮带秤在线期间核查的研究

从生产实践中得知，皮带张力、跑偏等因素是造成电子皮带秤误差的主要原因，但是无论是循环链码校验法还是静态挂码校验法都不能很好地模拟电子皮带秤在进行散状物料输送计量时的皮带张力及跑偏状态。假设皮带机的额定出力为 3600t/h，带速为 3m/s，正常输送物料时皮带上单位长度上所受的负荷约为 $3600 \div 3.6 \div 3 = 333.33$（kg/m）。假设皮带机中心距为 300m，正常输送物料时皮带电动机要将 333.33kg/m×300m≈100t 的物料进行输送，但是由于用循环链码校验进行校验时，只有约 7m 链码压在皮带上，所以皮带上的负荷只有 333.33kg/m×7m≈2.333t，也就是说假如忽略托辊的摩擦力，皮带电动机只要将 2.333t 链码（也就是模拟物料量）拖上来。可想而知拖动 100t 物料和 2.333t 链码的张力相差之大，理论上链码校验电子皮带秤会得到 0.25％甚至 0.1％的误差，而实际输送物料时会产生超过 1％甚至 3％～5％的误差的原因就在于此。挂码校验的情况就更不用多说了，因为在使用静态挂码校验时，砝码是通过悬挂机构直接加载在秤架上的，皮带上方没有施加任何负荷，皮带机等于空载运行，用此方法进行校验时产生的误差更大。因此，电子皮带秤现时的校验方法中，都无法及时发现和消除电子皮带秤在进行散状物料输送计量时的皮带张力、跑偏、电子皮带秤支架卡涩等动态问题，这些问题都将对电子皮带秤测量带来误差，造成煤量结算上的失真。

针对上述分析，在中国自动化学会发电自动化专业委员会的组织与协调下，浙江浙能温州发电有限公司主持成立了《电子皮带秤在线远程自动校验与诊断装置》项目组，通过调研、收集、深入分析国内电子皮带秤在日常使用中存在的问题和引起计量误差的原因，总结、吸收了国内电厂多年从事散状大宗物料计量工作的实践经验，以GB/T 7721 为依据，利用主秤、副秤在"相等时间间隔内单位长度载荷的两次积分的比较"以及双砝码叠加"模拟单位长度恒定载荷的效果"的方法，进行了电子皮带秤在线远程自动校验与诊断装置的开发，以实现对电子皮带秤在有效的溯源周期内保持其计量性能的核查，在减少实物校验频次的同时，提升电子皮带秤的测量精度与运行可靠性。

4.1.1 在线期间核查系统研究任务

在线期间核查系统研究的主要任务是研制双砝码叠加法的电子皮带秤在线校验装置，在正常输送物料的工况下，通过叠加双砝码的方式来模拟物料的理论叠加值，使其受力状态完全与正常的输送物料状态相同，不产生额外的校验误差。用一定的方法取得正确的"叠加双砝码理论累计值"，用双砝码叠加法对电子皮带秤在线校验，使其误差达到±0.7%的要求。

双砝码叠加法的电子皮带秤在线校验方法的优点在于它的"在线校验"，可以在连续计量的状态中，实时监测电子皮带秤的运行精度。一般对一批次的物料进行计量时电子皮带秤会连续工作十几甚至几十小时，在整个计量过程中，物料洒落到秤架上，卡住秤架的情况几乎是不可避免的，出现这种情况往往不能及时发现，这样等到这一批次的物料装卸结束后可能会产生几百吨甚至上千吨的误差。利用双砝码叠加法的电子皮带秤在线校验方法后，设备会自动定时对计量电子皮带秤进行校验，发现误差达到一定程度系统会发出警告，提醒操作人员到现场检查，将电子皮带秤故障消灭在最初发生时，从而有效避免计量事故的发生。

双砝码叠加系统结构简单，占用空间小，叠加的双砝码对输送物料过程中的皮带张力几乎不产生影响，双砝码叠加的电子皮带秤在线校验方法易于在现有电子皮带秤上进行改造安装；可实现电子皮带秤在线计量数据的实时远传及在线远程自动校验。由于校验过程是在物料输送的过程中进行，且两台电子皮带秤实时比对，互为备用，这样可以及时发现问题，当其中一台发生故障时，系统自动进行报警，并用另一台作为主计量秤继续运行，提高系统的可靠性，避免等到输送物料结束后才发现计量数据错误而无法挽救。另外，电子皮带秤在线期间检查系统可以在带式输送机正常输送物料时自动进行校验，使电子皮带秤的校验工况和实际使用工况相一致，自动完成动态称量，在线物料校验和实时监测电子皮带秤运行精度等，确保电子皮带秤长期运行的准确性、稳定性和持久性。此外，该校验方法可实现远程监控。

4.1.2 电子皮带秤在线期间核查系统构成

为了确保电子皮带秤在线计量的准确性，需要对其进行定时校验。基于双砝码叠加法的电子皮带秤校验系统构成主要有主秤、副秤、标准叠加砝码、砝码自动升降机构、电动机、驱动装置、控制器、控制系统软件及其他附件等。

双砝码叠加法电子皮带秤远程校验系统硬件结构组成如图 4-1 所示。

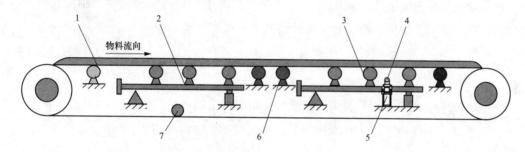

图 4-1　双砝码叠加法电子皮带秤远程校验系统硬件结构组成
1—皮带输送机；2—主秤；3—副秤；4—叠加标准砝码；5—砝码升降电动机；6—缓冲托辊；7—速度传感器

4.1.3 电子皮带秤在线核查的校验原理

电子皮带秤在线核查是基于双砝码叠加法的电子皮带秤在线远程自动校验，当需要校验时，将标准双砝码叠加在输送物料过程中副秤的秤架上，采用叠加双砝码的方式来模拟物料的理论叠加值，此时主秤的称量是输送物料的质量，副秤的称量是输送物料的质量和标准双砝码质量的叠加值，系统将副秤得到的质量减去主秤的质量，得到副秤对双砝码的称重值，通过对双砝码的称重值与双砝码的标准值的比对，得出一修正值，按此修正值对电子皮带秤的称重仪进行修正，从而实现对电子皮带秤的在线远程自动校验。

具体操作步骤如下：校验前，标准叠加砝码处于最高位，即与副秤秤架脱离；将主副电子皮带秤的计量精度调校一致；皮带输送机满载物料，物料均匀、稳定地依次流过主秤和副秤。校验开始时，启动砝码升降机构，将标准叠加砝码完全降下，使标准叠加砝码与砝码升降机构脱离，即完全置于副秤秤架上。校验系统软件实时记录并显示主秤、副秤的瞬时流量值和累计流量值。待皮带输送机运行满规定的整数圈后，比较主秤、副秤累计流量差值与理论标准砝码叠加累计量，从而判断该主秤、副秤的实物标定系数是否产生较大误差，当误差较大时对其进行修正。

电子皮带秤在使用中，几乎每天都可能发生秤架上被输送物料的堆积以及皮带张力的变化造成皮重的变动，采用主秤、副秤比对试验，当发生主秤（或副秤）的计量发生误差时，系统自动报警，提醒操作人员赴现场进行处理，并可对电子皮带秤进行远程参数配置、调皮、标定等操作来解决问题。从而消除电子皮带秤皮重 NULL 的变化对测量准确性的影响。此外，负荷传感器的误差会影响负荷测量值，从而引起实物标定系数的变化，采用砝码叠加的方式也解决了负荷测量值的变化对测量准确性的影响。

4.1.4 电子皮带秤在线期间核查校验数学模型

在输送皮带机上安装主、副两台电子皮带秤。由于物料连续经过主、副两台电子皮带秤，在主、副电子皮带秤都正常工作的情况下有以下关系，即

$$F_1 = F_2 \tag{4-1}$$

$$Q_1 = Q_2 \tag{4-2}$$

式中 F_1、Q_1——主电子皮带秤瞬时流量、单位长度上物料的质量；

F_2、Q_2——副电子皮带秤瞬时流量、单位长度上物料的质量。

且有

$$\frac{\int_{x_0}^{x_1}(CAL_1 \times AD_1 - NUL_1) \times \mathrm{d}x}{L_1} = \frac{\int_{x_2}^{x_3}(CAL_2 \times AD_2 - NUL_2) \times \mathrm{d}x}{L_2} \tag{4-3}$$

式中 CAL_1、AD_1、NUL_1、x_0、x_1——主秤的实物标定系数、负荷测量值、零位系数以及有效称量段起始及终止位置；

CAL_2、AD_2、NUL_2、x_2、x_3——副秤的实物标定系数、负荷测量值、零位系数以及有效称量段起始及终止位置。

假设物料均匀稳定地流过主秤、副秤，则式（4-3）可简化为

$$\frac{(CAL_1 \times AD_1 - NUL_1) \times (x_1 - x_0)}{L_1} = \frac{(CAL_2 \times AD_2 - NUL_2) \times (x_3 - x_2)}{L_2} \tag{4-4}$$

而 $L_1 = x_1 - x_0$，$L_2 = x_3 - x_2$，则式（4-4）简化为

$$CAL_1 \times AD_1 - NUL_1 = CAL_2 \times AD_2 - NUL_2 \tag{4-5}$$

将标准砝码置于副秤秤架上，在校验时间 T 内主秤、副秤的累积流量差值为

$$\Delta Z = Z'_2 - Z_1 = \int_0^T F'_2 \mathrm{d}t - \int_0^T F_1 \mathrm{d}t = (F'_2 - F_1) \times T = vT(Q'_2 - Q_1) \tag{4-6}$$

式中 Z_1——主电子皮带秤测量得到的物料累计量；

Z'_2、F'_2、Q'_2——标准砝码置于副电子皮带秤秤架后副电子皮带秤测量得到的物料累计量、物料瞬时流量和输送带单位长度上物料的重量；

v——电子皮带秤的皮带速度。

令 $\delta = \dfrac{M}{\Delta Z}$，则

$$\delta = \frac{M}{\Delta Z} = \frac{M}{vT\{[CAL_2 \times (AD_2 + AD') - NUL_2] - (CAL_1 \times AD_1 - NUL_1)\}}$$

$$= \frac{M}{vT \times CAL_2 \times AD'} \tag{4-7}$$

式中　M——标准砝码的理论叠加量；

　　　AD'——由于叠加砝码造成的副秤负荷测量值增加值。

若主秤、副秤工作正常，则 $\delta = 1$；若主秤、副秤出现异常，则新的副秤实物标定系数 $CAL_{2\text{new}}$ 为

$$CAL_{2\text{new}} = CAL_2 \times \delta$$

验证如下，代入式（4-7），实物标定系数修正后新的 δ_{new} 为

$$\delta_{\text{new}} = \frac{M}{vT \times CAL_{2\text{new}} \times AD'}$$

$$= \frac{M}{vT \times CAL_2 \times \delta \times AD'}$$

$$= \frac{M}{vT \times CAL_2 \times \dfrac{M}{vT \times CAL_2 \times AD'} \times AD'} = 1 \tag{4-8}$$

则新的主电子皮带秤实物标定系数 $CAL_{1\text{new}}$ 为

$$CAL_{1\text{new}} = \frac{CAL_{2\text{new}} \times AD_2 - NUL_2 + NUL_1}{AD_1} \tag{4-9}$$

主、副电子皮带秤的相对误差 E 为

$$E = \frac{\Delta Z - M}{M} \tag{4-10}$$

4.2　电子皮带秤在线期间核查系统软、硬件构成及问题处理

4.2.1　电子皮带秤在线期间核查系统软、硬件构成

双砝码叠加法校验系统硬件结构主要包括控制器、电动机、传动机构、砝码自动升降机构、标准叠加砝码、机架和相关附件等，现场具体安装情况如图 4-2 和图 4-3 所示。

下位机控制系统选用 PLC 作为控制器，其结构图如图 4-4 所示。

下位机控制系统软件流程图如图 4-5 所示。

上位机程序采用 VB 软件编写而成，上位机界面见图 4-6。可以看到，整个上位机界面分为 4 大区域：主电子皮带秤信息显示区、副电子皮带秤信息显示区、功能按键区和校

图 4-2　机架及砝码升降机构　　　　　图 4-3　电控箱

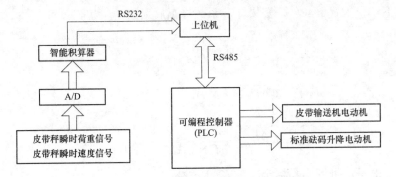

图 4-4　下位机控制系统结构图

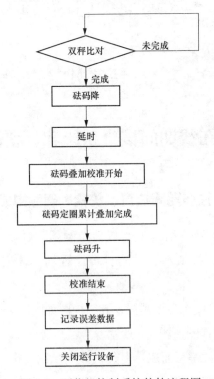

图 4-5　下位机控制系统软件流程图

验结果显示区。当校验过程结束时，会在屏幕上弹出一个对话框，显示经砝码叠加法校验过程后新的主、副电子皮带秤实物标定系数以及电子皮带秤相对误差，并询问是否要修正主、副电子皮带秤的实物标定系数，操作人员可根据实际情况选择性操作。当砝码叠加出现误差时将报警，图 4-7 所示为砝码叠加出现误差 0.79％时报警界面。

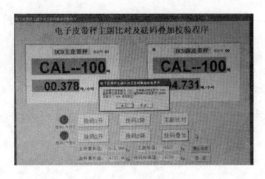

图 4-6　上位机界面

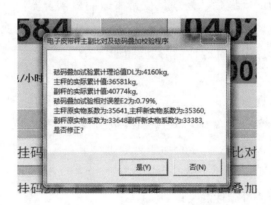

图 4-7　砝码叠加出现误差 0.79％时报警界面

砝码叠加试验按如下步骤进行：

(1) 使用叠加砝码收放器将 M_{DJ} 质量的叠加砝码施加到副秤的固定加载点上。

(2) 记录主秤、副秤的累计初值 T_{CZ} 和 T_{CF}。

(3) 依次启动主秤、副秤整圈标定程序，直到砝码叠加测试圈数 N 完成。

(4) 记录叠加结束时刻主秤、副秤的累计终值 T_{ZZ} 和 T_{ZF}。

(5) 分别计算砝码叠加试验主秤、副秤的实际累计值 T_{FF} 和 T_{FZ}。

(6) 计算 T_{FF} 和 T_{FZ} 之差同砝码叠加试验累计理论值 D_L 的相对误差 E_2。

(7) E_2 的绝对值应不大于使用中检验最大允许误差绝对值的 $\sqrt{2}$ 倍。

(8) 若 E_2 的绝对值超过使用中检验最大允许误差绝对值的 $\sqrt{2}$ 倍时，应有显著连续的声光报警指示并停止试验。

经过一定的时间间隔，继续重复（2）～（8）的过程，保证皮带秤始终处于正确计量的状态。

4.2.2 电子皮带秤在线期间核查系统常见问题处理

1. 皮带张力偏小

在现场测试时发现主秤、副秤对比数据变动度较大，经检查，12号A皮带跳动稍大，考虑是因皮带张力不够引起的，为此增加皮带张紧配重1t后问题解决。说明电子皮带秤的计量性能与皮带机的张力有很大的关系，通常决定皮带张力的配重是以皮带不打滑为依据的，一般只加到60％～70％配重，过重的配重会降低皮带使用寿命，增加电动机功率。但是作为计量用的电子皮带输送机必须相对提高张力配重，减小相邻两组托辊之间皮带的下垂，以减小计量误差。

2. 电动机耦合器故障

在现场测试时发现主秤、副秤对比数据变动度较大，经检查，12号A皮带速度跳动稍大，排除了皮带张力的问题后，发现是皮带主电动机耦合器出现了故障，这同样会引起输送皮带速度的跳动，从而导致电子皮带秤的计量不稳定。因此，确保燃煤输送皮带的正常工作是保证电子皮带秤准确计量的重要前提。

3. 秤架卡煤

在设备调试时曾发现10min内12号A主秤计量数据和副电子皮带秤计量数据误差超过1.59％，系统发出报警，系统显示12号A主秤、副秤可能存在卡煤现象，随即派技术人员到现场检查，发现12号A主秤的秤架出现煤块卡在秤架与皮带机的支架中间现象，清除卡煤后问题得到解决。因此，及时发现并清除电子皮带秤的正常运行过程中出现的故障，是提升电子皮带秤可靠性的关键。

由于秤架卡煤引起计量误差如图4-8所示，秤架卡煤引起计量误差报警提示如图4-9所示。

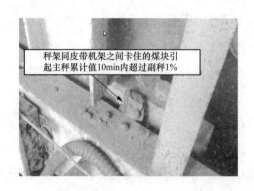

图 4-8　由于秤架卡煤引起计量误差

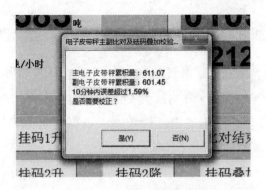

图 4-9　秤架卡煤引起计量误差报警提示

4. 皮带跑偏

在设备使用中，曾发生系统指出 12 号 A 主秤、副秤的同一边测量值明显大于另外一边，这是明确的皮带跑偏迹象。根据系统提示，巡检人员到现场检查后发现 12 号 A 皮带机的输送带偏向左侧（皮带前进方向）约 200mm，同系统测量结果吻合，处理皮带跑偏后，问题得到解决。

4.3　砝码叠加试验误差的不确定度评定

4.3.1　砝码叠加试验误差

砝码叠加试验的相对误差应按式（4-11）计算，即

$$T_{FZ} = T_{ZZ} - T_{CZ}$$
$$T_{FF} = T_{ZF} - T_{CF}$$
$$E = T_{FF} - T_{FZ} - D_L$$
$$E_2 = \frac{E \times 100\%}{D_L} \tag{4-11}$$

式中　T_{FZ}——主秤的实际累计值，kg；

T_{ZZ}——主秤的累计终值，kg；

T_{CZ}——主秤的累计初值，kg；

T_{FF}——副秤的实际累计值，kg；

T_{ZF}——副秤的累计终值，kg；

T_{CF}——副秤的累计初值，kg；

E——砝码叠加试验绝对误差，kg；

E_2——砝码叠加试验相对误差；

D_L——砝码叠加试验累计理论值，kg。

4.3.2 砝码叠加试验副秤的实际累计值的不确定度评定

砝码叠加试验副秤的实际累计值的不确定度 $u_{T_{FF}}$ 来源主要是电子皮带秤副秤的累计终值引入的不确定度 $u_{T_{ZF}}$ 和副秤的累计初值引入的不确定度 $u_{T_{CF}}$，因副秤累计初值和终值直接影响副秤的实际累计值，按不确定度评定取大值保守考虑设定其之间为正强相关，则有

$$u_{T_{FF}} = u_{T_{ZF}} + u_{T_{CF}} \tag{4-12}$$

令

$$u_{T_{ZF}} = u_{T_{CF}} = u_1$$

副秤的累计终值引入的不确定度 $u_{T_{ZF}}$ 和副秤的累计初值引入的不确定度 $u_{T_{CF}}$ 均为电子皮带秤的显示值，可以认为 $u_{T_{ZF}} = u_{T_{CF}}$，即 $u_{T_{ZF}}$ 及 $u_{T_{CF}}$ 均为电子皮带秤示值引入的不确定度，主要包括：

(1) 电子皮带秤显示分度值引入的不确定度 u_{11}。

电子皮带秤显示分度值 $d=1\text{kg}$，由电子皮带秤显示分度值引入的相对不确定度分量为

$$u_{11} = 0.29d = 0.29\text{kg} \tag{4-13}$$

(2) 砝码叠加试验累计理论值测量重复性引入的不确定度 u_{12}。

重复进行 10 次砝码叠加实验，叠加砝码整圈累积值测量数据见表 4-1。

表 4-1　　　　　　　　　　叠加砝码整圈累积值测量数据　　　　　　　　　　kg

测量次数	x_1	x_2	x_3	x_4	x_5	x_6	x_7	x_8	x_9	x_{10}	$\overline{x}$
测量数据	4758	4760	4761	4761	4761	4760	4761	4759	4761	4759	4760

单次实验标准差为

$$s = \sqrt{\frac{\sum_{i=1}^{n}(x_i - \overline{x})^2}{(n-1)}} = \sqrt{\frac{(4758-4760)^2 + \cdots + (4759-4760)^2}{(10-1)}} = 1.05(\text{kg}) \tag{4-14}$$

重复性引入的不确定度分量为

$$u_{12} = \frac{s}{\sqrt{3}} = \frac{1.05}{\sqrt{3}} = 0.61(\text{kg}) \tag{4-15}$$

(3) 皮带跑偏、带速不稳定等其他因素引入的不确定度 u_{13}。

叠加砝码整圈累积值测量过程中，皮带跑偏、带速不稳定等诸多因素都会对测量结果产生影响，根据经验估计这些因素引入的不确定度为

$$u_{13} = 0.025\% \times 4760 = 1.19(\text{kg}) \tag{4-16}$$

输入量的合成标准不确定度为

$$u_1 = \sqrt{u_{11}^2 + u_{12}^2 + u_{13}^2} = \sqrt{0.29^2 + 0.61^2 + 1.19^2} = 1.37(\text{kg}) \tag{4-17}$$

副秤的实际累计值的不确定度 $u_{T_{FF}}$ 为

$$u_{T_{FF}} = 2u_1 = 2.74 (\text{kg}) \tag{4-18}$$

4.3.3 砝码叠加试验主秤的实际累计值的不确定度评定

砝码叠加试验主秤的实际累计值的不确定度 $u_{T_{FZ}}$ 评定方法与副秤的实际累计值的不确定度 $u_{T_{FF}}$ 评定相同，可得

$$u_{T_{FZ}} = u_{T_{FF}} = 2.74 (\text{kg}) \tag{4-19}$$

4.3.4 砝码叠加试验累计理论值引入的不确定度分量 u_{D_L}

砝码叠加试验累计理论值是对副秤进行空秤砝码叠加试验测出，由电子皮带秤显示分度值引入的不确定度分量 u_{D_L}，电子皮带秤显示分度值 $d = 1\text{kg}$，由电子皮带秤显示分度值引入的不确定度分量，则

$$u_{D_L} = 0.29d = 0.29 (\text{kg})$$

4.3.5 合成标准不确定度 u_E 评定

合成标准不确定度 u_E 为

$$u_E = \sqrt{u_{T_{FZ}}^2 + u_{T_{FF}}^2 + u_{D_L}^2} = \sqrt{2.74^2 + 2.74^2 + 0.29^2} = 3.88 (\text{kg}) \tag{4-20}$$

扩展不确定度为（取 $k = 2$）

$$U_E = ku_E = 2 \times 3.88 = 7.76 (\text{kg}) \tag{4-21}$$

砝码叠加平均累计量 D_L 为 4670kg 时，相对扩展不确定度为

$$U_{\text{rel}} = \frac{U_E}{D_L} = \frac{7.76}{4670} = 0.17\% \tag{4-22}$$

4.4 电子皮带秤在线期间核查技术标准制定

4.4.1 T/CIE 004—2015《电子皮带秤在线期间核查技术规范》制定

以浙江浙能温州发电有限公司牵头，联合浙江省计量科学研究院、浙江省电力科学研究院及上海蓝箭称重技术有限公司等单位组成的联合项目组在完成电子皮带秤在线远程自动校验与诊断装置研发的同时，中国自动化学会发电自动化专业委员会根据国家标准化管理委员会"关于下达团体标准试点工作任务的通知"（标委办工一〔2015〕80 号）要求，协调成立了浙江浙能温州发电有限公司主持的项目组，承接了中国科协所属学会有序承接政府转移职能扩大试点项目的团体标准之一 T/CIE 004—2015《电子皮带秤在线期间核查技术规范》的研究与制定。

《电子皮带秤在线期间核查技术规范》依据国家相关标准，利用主秤、副秤在"相等时间间隔内单位长度载荷的两次积分的比较"以及双砝码叠加"模拟单位长度恒定载荷的效果"的方法，集中了电厂、省计量研究院，省电力科学研究院、称重厂家的专业人员，联合研究制定。规定了电子皮带秤的计量要求、在线期间核查的要求、方法和结果处理，制定原则遵循规范性、可操作性和适用性，具有系统性、实用性和通用性特点，能够为相关技术人员科学化、规范化、标准化地开展电子皮带秤的期间核查提供指导和依据。

2015 年 11 月 24 日，中国科学技术协会、北京市政府和工信部联合举办的 2015 世界机器人大会上，中国科学技术协会颁布了由中国电子学会、中国自动化学会等单位联合成立的团体标准委员会批准发布的包括 T/CIE 004—2015《电子皮带秤在线期间核查技术规范》在内的国内首批 4 个中国电子学会团体标准。

4.4.2　DL/T 2064—2019《电子皮带秤在线期间核查技术规程》制定

2018 年 7 月由中电联（中电联标准〔2018〕209 号）《中电联关于转发国家能源局 2018 年能源领域行业标准制（修）订计划及英文版翻译出版计划的通知》下达后，根据该计划编号 20180649，成立了以浙江浙能温州发电有限公司为主持单位上海蓝箭称重技术有限公司等公司组成的项目编制组，在中国电子学会团体标准 T/CIE 004—2015《电子皮带秤在线期间核查技术规范》经过 3 年各行业应用，收集了一些用户的使用反馈信息的基础上，进行了 DL/T 2064—2019《电子皮带秤在线期间核查技术规程》的制定。

DL/T 2064—2019《电子皮带秤在线期间核查技术规程》对 T/CIE 004—2015《电子皮带秤在线期间核查技术规范》的核查指标进行了细化，增加了系统的不确定度评定方法，完善了误差的理论分析，为开展电子皮带秤的在线期间核查提供指导和依据。

DL/T 2064—2019 对电子皮带秤的计量性能要求、在线期间核查的要求、方法和结果处理均明确、具体、内容完整，具有系统性、实用性和通用性特点。DL/T 2064—2019 依据相关国家标准，利用主秤、副秤在"相等时间间隔内单位长度载荷的两次积分的比较"以及双砝码叠加"模拟单位长度恒定载荷的效果"的方法来实现对电子皮带秤在有效的溯源周期内是否保持其计量性能的核查，以提升电子皮带秤的耐久性。能够为相关技术人员科学化、规范化、标准化地开展电子皮带秤的在线期间核查提供指导和依据。

DL/T 2064—2019 在一些项目组人员所在单位进行了试用，证明 DL/T 2064—2019 规定的线期间核查的条件、要求、试验步骤和结果处理，可实现有效的溯源周期内保持对电子皮带秤计量性能的核查，并有效提升电子皮带秤的准确性和耐久性。

5

电子皮带秤新型计量和故障诊断设备

随着智能化新技术的发展，替代电子皮带秤各种新的计量技术和设备也在对传统的计量技术和设备提出挑战，像带计量料斗的卸船机和基于动态修正的原煤仓分炉煤计量系统等。

5.1　带计量料斗的卸船机

众所周知，燃煤电厂的入厂煤计量通常是由电子皮带秤完成的。由于电子皮带秤受皮带输送机的跑偏、皮带打滑、张力变化、环境温度、风力、物料等各项因素等影响，导致电子皮带秤的长期计量准确度无法达到设计要求。上海蓝箭称重技术有限公司受杭州华新机电工程有限公司委托，联合浙江省计量科学研究院开发了卸船机称量系统，该系统应用于杭州华新机电工程有限公司为南京西坝港务有限公司生产的卸船机系统上。卸船机称量系统由料斗秤体、挂码装置、动态补偿装置、双段液压阻尼装置等部分组成。

由于卸船机工作现场处于非常复杂的振动环境，所以在卸船机料斗上安装高精度动态称量装置几乎是不可能的，这也就是无论国内外没有一家能够在卸船机料斗上安装高精度动态称量装置的原因。为此上海蓝箭称重技术有限公司依靠浙江省计量科学研究院的强大技术支持，会同杭州华新机电工程有限公司和南京西坝港务有限公司对项目进行了多次方案讨论，最后确定以4个补偿测量单元信号对4个扭环式称重传感器进行实时动态修正的方式为系统的最终方案。同时，为减小放料时物料对传感器的冲击及加快传感器信号的稳定速度，在扭环式传感器的下方增加了"液压双段阻尼装置"，提供了在放料初期的缓冲及放料结束时的阻尼作用，大大减小了物料对传感器的冲击并加快了传感器振动信号的衰减。卸船机料斗动态计量系统如图5-1所示。

卸船机卸料时先把物料送入料斗秤内进行称量后通过卸料门送到缓冲料斗，再由缓冲料斗通过卸料装置输送至皮带机。料斗秤本身是高精度静态秤，料斗秤的安装位置位于卸船机上，由于卸船机为室外露天安装，外部环境因素及卸船机工作时产生的振动会严重影响料斗秤的称量精度，所以通过动态补偿装置及双段液压阻尼装置减少因振动引起的称量误差。料斗秤本身配有标准砝码，为保证该设备的精度，应定期使用标准砝码对料斗秤进行静态自检。安装中的卸船机计量系统如图5-2所示。

图 5-1 卸船机料斗动态计量系统

图 5-2 安装中的卸船机计量系统

5.1.1 补偿原理

由于计量料斗及补偿用称重装置的传感器在额定质量下的变形小于 0.2mm，称重系统的固有频率可近似表示为

$$f_n = \frac{1}{2\pi}\sqrt{\frac{g}{\Delta}} \qquad (5-1)$$

式中 g——重力加速度；

Δ——称重系统传感器的额定变形。

固有频率通常在 20Hz 以上，根据单自由度振动理论，当基础以频率 f 振动时，料仓中物体或参考秤上物体振动的加速度与基础振动加速度的比值 α 近似为

$$\alpha = \frac{1 + 4\xi^2\lambda^2}{(1-\lambda^2)^2 + 4\xi^2\lambda^2} \qquad (5-2)$$

$$\lambda = \frac{f}{f_n}$$

式中 ξ——阻尼系数。

当基础振动频率较低时，$\alpha \approx 1$。

因此，只要料仓的整体刚度足够大，料仓及其料仓中物料受到的平均加速度与补偿用称重装置所受到的平均加速度一致。

利用式（5-3），可得计量料仓中物料的真实重量 mg，即

$$mg = W_1\frac{w_0}{w} - m_0g\left(1 - \frac{w_0}{w}\right) \qquad (5-3)$$

式中　W_1——料仓的动态重量；

　　　w_0——参考秤的静态重量；

　　　w——参考秤的动态重量；

　　　m_0——料仓的皮重。

5.1.2　卸船机计量系统组成

卸船机计量系统主要由承载架、动态补偿传感器及传力系统、称量料斗、挂码校验装置、双段液压阻尼装置等部分组成，下面分别对各部分进行介绍。

1. 承载架

承载架用以支撑料斗斗体、砝码和卸料装置等部件，其刚度对测量精度影响很大。该装置设计由型钢焊接而成，保证有足够的刚度，基础坚实、牢固。

2. 动态补偿传感器及传力系统

动态补偿传感器为由 4 个内藏微处理芯片进行动态补偿的扭环式传感器、上下压头等组成的测量系统。称重传感器采用应变原理，传力点位置变化对传感器输出信号影响较小，保证了测量精度，并提高了过载能力和抗侧向能力。通过调节称重传感器的安装板位置可以改变传感器着力点，从而使称量斗处于理想位置，保证 4 个传感器受力均匀。传感器安装位置位于立柱上，降低承载架变形引起的测量误差。

3. 称量料斗

称量料斗用以存放计量用的物料，它的有效容积为 $55\mathrm{m}^3$，通过传感器支撑在承载架上，料斗上口有隔栅板，下方有卸料口，斗体上挂有挂码装置、料门卸料装置。称量料斗实物图如图 5-3 所示。

图 5-3　称量料斗实物图

4. 挂码校验装置

挂码装置配有由 PLC 控制的 16 个砝码提升机，对称分布于料斗四边，用于料斗秤的自检校。砝码准确度等级为 M_1 级，单个质量为 1t。

5. 双段液压阻尼装置

双段液压阻尼装置实物图如图 5-4 所示。在每个称重传感器下安装一个双段液压阻尼单元，抓斗卸料刚到达料斗的时刻双段液压阻尼装置产生较大的缓冲作用，用于缓冲卸船机抓斗放料时物料对料斗本体的冲击，减少对称重传感器的损伤及物料冲击引起的斗体振动，当物料几乎全部进入料斗时双段液压阻尼装置自动提升阻尼系数，从而快速减小振动。

图 5-4　双段液压阻尼装置实物图

卸船机计量系统总图如图 5-5 所示，卸船机计量系统工作流程如图 5-6 所示。

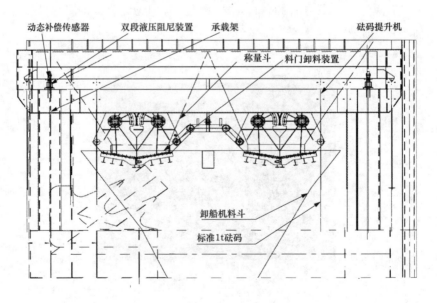

图 5-5　卸船机计量系统总图

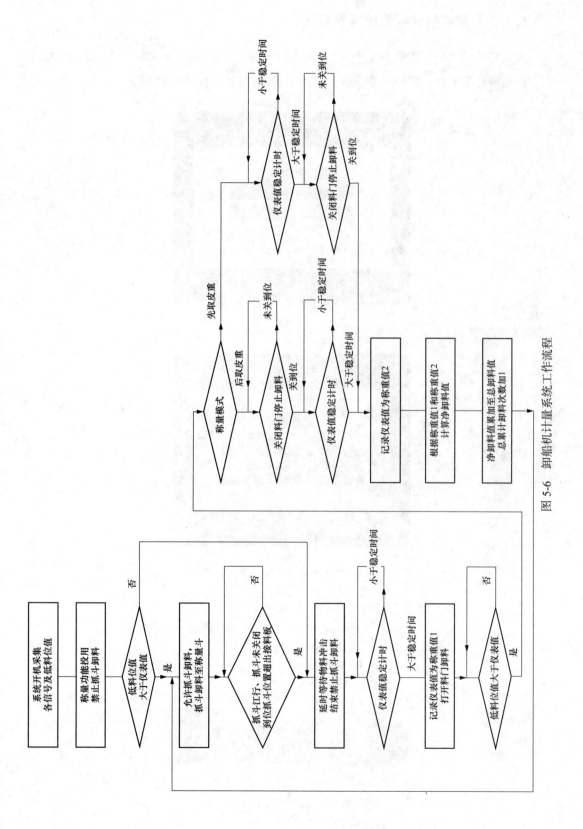

图 5-6 卸船机计量系统工作流程

5.1.3 卸船机计量系统操作界面

卸船机计量系统操作界面如图 5-7～图 5-11 所示，分别是系统主界面图、砝码校验界面、卸船机称量界面、卸船机系统参数界面 1 和卸船机系统参数界面 2。

图 5-7 系统主界面

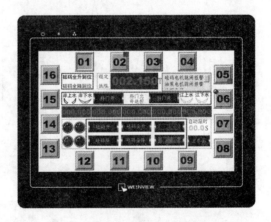

图 5-8 砝码校验界面

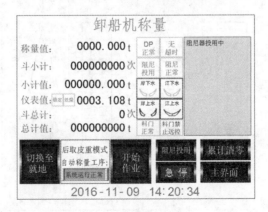

图 5-9 卸船机称量界面

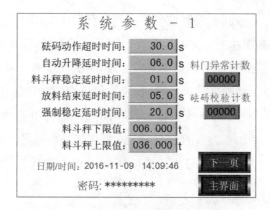

图 5-10 卸船机系统参数界面 1

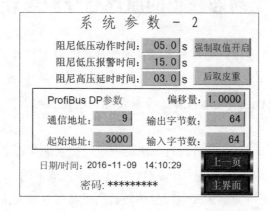

图 5-11 卸船机系统参数界面 2

5.1.4 卸船机计量系统使用效果

南京××公司的 5、6 号卸船机自从 2015 年 5 月安装调试成功后经过半年运行取得了大量计量数据，卸船机计量系统实际运行中精度优于 0.2%，数据见表 5-1。

表 5-1 南京××公司卸船机计量与电子皮带秤、汽车衡联调数据记录表

第一堆 (5~1号)	主电子皮带秤	990.56t	5 号卸船机计量斗累计值	987.95t	汽车衡数值	989.14t
	副电子皮带秤	990.19t				
	主电子皮带秤与 5 号卸船机误差	0.26%	主电子皮带秤与汽车衡误差	0.14%	5 号卸船机与 汽车衡误差	−0.10%
	副电子皮带秤与 5 号卸船机误差	0.23%	副电子皮带秤与汽车衡误差	0.10%		
第二堆 (6~1号)	主电子皮带秤	1014.69t	6 号卸船机计量斗累计值	1011.11t	汽车衡数值	1011.86t
	副电子皮带秤	1013.72kg				
	主电子皮带秤与 6 号卸船机误差	0.35%	主电子皮带秤与汽车衡误差	0.28%	6 号卸船机与 汽车衡误差	0.07%
	副电子皮带秤与 6 号卸船机误差	0.25%	副电子皮带秤与汽车衡误差	0.18%		
第三堆 (5号、 6号)	主电子皮带秤	1981.31t	5 号卸船机计量斗累计值	1402.54t	汽车衡数值	1973.74t
	副电子皮带秤	1978.97t	主电子皮带秤与汽车衡误差	0.38%		
	主电子皮带秤与 5 号卸船机误差	0.35%	副电子皮带秤与汽车衡误差	0.26%	卸船机与 汽车衡误差	0.03%
	副电子皮带秤与 5 号卸船机误差	0.23%	6 号卸船机计量斗累计值	1974.36kg		

南京××公司的5、6号卸船机经过半年顺利运行后于2015年11月27日在浙江省杭州市召开了"在线计量卸船机总结定型会"，会议认为：卸船机的在线计量系统通过调试验收和江苏省计量研究院的计量检定，取得了"卸船机在线料斗称重装置"的检定证书（计量精度达到静态Ⅲ级、动态0.5级），达到了卸船机合同约定的技术要求。一致认为该卸船机在线计量系统采用双层料斗的布置型式和动态补偿称量原理是科学有效的。根据南京××公司提供的2015年5月8日—11月26日期间共接卸的60条海轮约242万t货物的卸船计量记录和客户数据比对分析，表明该卸船机在线计量系统运行平稳可靠、数据准确。

5.2　基于动态修正的原煤仓分炉煤计量系统

分炉煤计量系统用于发电厂原煤仓上煤量的统计，能够准确地计算每炉或每仓的年、月、日上煤量，为煤耗计算提供准确的数据，确保机组煤耗指标准确。准确的入炉煤分炉计量的方法和手段，无论从成本核算、经营管理，还是节约能源方面，都具有十分深远的意义。

电力工业部早在1993年11月就发行《火力发电厂按入炉煤正平衡计算发供电煤耗的方法》，煤炭作为火力发电厂的主要生产原料，占电厂生产成本的65％左右（见图5-12）。如何做好分炉煤计量，无疑对燃煤发电厂经济效益的提高起着至关重要的作用。

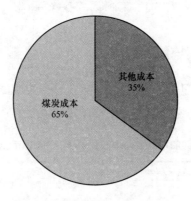

图5-12　煤炭占电厂生产成本

5.2.1　常规的入炉煤计量的方法

燃煤电厂的入炉煤分炉计量通常是由入炉煤分炉电子皮带秤完成的。通常入炉煤电子皮带秤没有配备实物校验装置，因此，入炉煤电子皮带秤基本上是没有进行有效的溯源，也就是其准确度没有得到有效的保证。目前，常规的入炉煤计量的方法有两种方法：一种是通过入炉给煤机自身附有的计量装置直接计量得到，另一种是通过入炉电子皮带秤和各原煤仓的犁煤器间接地计量数据得到。

1. 通过入炉给煤机自身附有的计量装置直接计量得到

依据国际法制计量组织（OIML）的 R50 国际建议及 GB/T 7721 要求，"连续累计自动衡器"（即皮带秤）必须按照 JJG 195 的要求定期进行实物检定。而现有的"称重式给煤机"都不具有实物校验功能，称重式给煤机不属于国家认可的计量设备，见图 5-13。

入炉煤计量的方法1

通过入炉给煤机自身附有的所谓计量装置直接计量得到数据。依据国际法制计量组织（OIML）的R50国际建议及GB/T 7721要求，"连续累计自动衡器"必须按照JJG 195国家计量检定规程的要求定期进行实物检定。而现有的"称重式给煤机"都不具有实物校验功能，称重式给煤机不属于国家认可的计量设备，故此方法无法实现入炉煤的准确计量

图 5-13　入炉煤剂量方法 1

故此方法无法实现入炉煤的准确计量。

2. 通过入炉电子皮带秤和各原煤仓的犁煤器间接的计量数据得到

入炉分炉计量值等于加仓开始时犁煤器落下前皮带秤与犁煤器之间煤量减去加仓结束时犁煤器抬起前皮带秤到犁煤器之间煤量，见图 5-14。

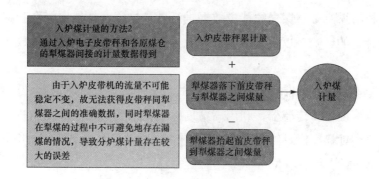

图 5-14　入炉煤计量方法 2

由于入炉皮带机的流量不可能稳定不变，故无法获得皮带秤同犁煤器之间的准确数据，同时犁煤器在犁煤的过程中不可避免地存在漏煤的情况，导致分炉煤计量存在较大的误差。

5.2.2　基于动态修正的原煤仓入炉煤分炉计量方法

根据燃煤电厂发电煤耗正平衡测算的目标要求，目前原煤仓入炉煤计量，以给煤机

自身附有的计量装置和通过入炉电子皮带秤和各原煤仓的犁煤器间接获取煤耗数据，难以准确计量。要实现入炉煤分炉计量，存在以下技术难点：

（1）根据 GB/T 7723《固定式电子衡器》，原煤仓的计量溯源至少需要相当于 50% 最大称量值的砝码，原煤仓的安装环境无法配置这样数量的标准砝码。

（2）原煤仓处于复杂的动态环境，受到严重影响计量准确度的各种外界干扰。

（3）原煤仓进行加仓同时存在给煤机给料，无法对加仓物料进行准确计量。

（4）原煤仓和给煤机之间有不可避免的硬性连接以及原煤仓和给煤机之间动态连续煤柱对计量的影响。

针对上述问题，2017 年 1 月 1 日起上海蓝箭称重技术有限公司会同浙江省计量科学研究院对分炉煤动态计量系统进行深入的研究，针对煤计量设备安装要求、场地空间条件和管理要求，利用分炉煤动态计量系统的设备受力变化的数学模型，进行仿真分析。研究开发了分炉煤动态计量系统的专用设备。将大吨位数字式负荷传感器和传统的电子料斗秤相结合，优化设计计量设备的结构，研制成一套高准确度、高可靠性的基于动态智能修正的分炉煤专用计量系统，实现分炉煤动态计量的功能，即在料斗加仓过程中同时给煤机给煤的状态下进行有效计量，通过"人工智能补偿系统"用原煤仓的计量数据对给煤机的给煤计量值进行连续动态智能补偿；实现电力工业部 1993 年 11 月发行《火力发电厂按入炉煤正平衡计算发供电煤耗的方法》。

"人工智能补偿系统"利用原煤仓的计量数据，对给煤机皮带载荷进行的给煤测量值进行连续动态智能运算，取得动态补偿数学模型。在加仓期间，借助取得的动态补偿数学模型用给煤机给煤值对原煤仓的计量数据进行动态修正，补偿原煤仓和给煤机之间动态连续煤柱对计量的影响，以得到准确的加仓量，并结合煤种信息，形成煤仓动态分层模型。

在原煤仓上安装的 8 个带数字补偿的扭环式数字传感器之间，安装 4 个由同步液压油缸驱动的高精度标准比对传感器，利用高精度标准比对传感器对原煤仓进行校准。使用递减法，利用高精度标准比对传感器定期对 8 个扭环式数字传感器进行校准，保证原煤仓的计量性能。

5.2.3　基于动态修正的原煤仓入炉煤分炉计量系统组成

基于动态智能修正的分炉煤计量系统主要组成有以下部分。

（1）智能补偿大吨位低频动态称重系统。

（2）料仓悬浮承载机构。

（3）自动补偿称重控制系统。

（4）液压控制系统。

（5）四工位液压精密同步提升系统。

（6）自动补偿称重软件。

（7）原煤仓称重软件。

（8）递减法校准软件。

（9）原煤仓数据处理软件和数据交互软件。

分炉计量系统逻辑框图见图 5-15，分炉计量系统柜与界面见图 5-16，基于动态修正的原煤仓入炉煤分炉计量系统下位机控制界面见图 5-17，基于动态修正的原煤仓入炉煤分炉计量系统上位机控制界面见 5-18。基于动态修正的原煤仓入炉煤分炉计量系统流程图见图 5-19。

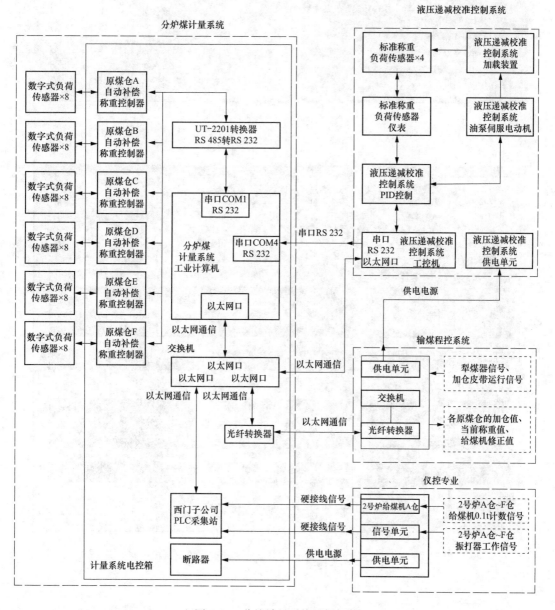

图 5-15　分炉计量系统逻辑框图

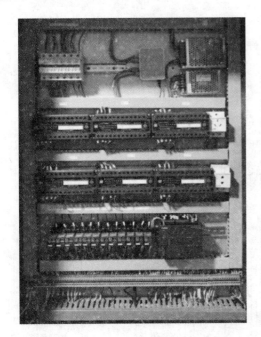

图 5-16　分炉计量系统柜与界面

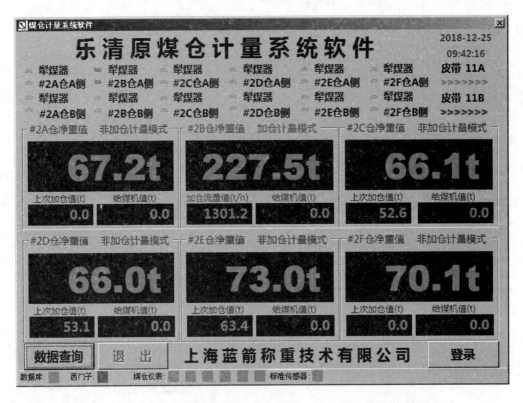

图 5-17　基于动态修正的原煤仓入炉煤分炉计量系统下位机控制界面

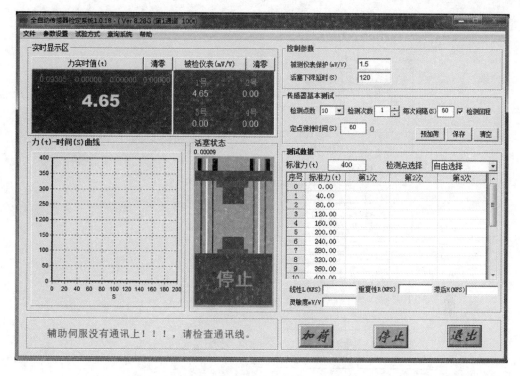

图 5-18　基于动态修正的原煤仓入炉煤分炉计量系统上位机控制界面

分炉煤动态计量系统的控制系统包括下位机控制系统和上位机操作系统。该系统实现了设备操作过程自动化，且人机交互界面易于理解操作。

5.2.4　基于动态修正的分炉煤计量系统的运行情况与指标

浙江浙能乐清发电有限责任公司 2018 年 10 月 28 日，完成了基于动态修正的分炉煤计量系统的设备的六单元联调，2018 年 12 月 26 日通过项目验收，2019 年 1 月 9 日顺利通过第三方验收。基于动态修正的分炉煤计量系统如图 5-20 所示。

自 2018 年 10 月基于动态修正的分炉煤计量系统安装投入试运行以来，可靠稳定。实现了原煤仓煤量的准确计量，有效解决了大吨位原煤仓计量系统量值溯源难题，实现了加仓过程中给煤机给煤量的动态计量功能。利用"智能动态补偿技术"，得到准确的加仓量，实现对使用中的给煤机进行在线核验，以保证给煤量的计量准确。系统地为发电煤耗正平衡测算提供了数据支撑。基于动态称重数字补偿算法，创造性地利用原煤仓的计量数据对给煤机的给煤值进行连续动态智能比对，取得动态补偿数学模型，进而实时在线校验给煤机给煤量，提高给煤机控制精度，优化锅炉掺烧。

基于动态修正的分炉煤计量系统有效解决了电力工业部 1993 年 11 月发行《火力发电厂按入炉煤正平衡计算发供电煤耗的方法》的具体实施手段；原煤仓分炉煤计量系统能够实现对使用中的给煤机进行在线校验，提高给煤机的流量测量准确度，保证给煤机给煤准确性，提高锅炉效率，有效地实现节能减排，对提高电厂的经济效益起了很大的作

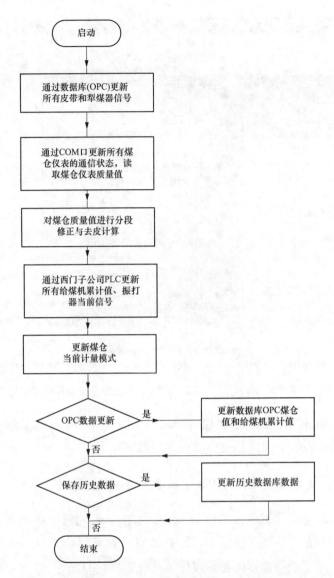

图 5-19　基于动态修正的原煤仓入炉煤分炉计量系统流程图

图 5-20　基于动态修正的分炉煤计量系统

用。建立的物料计量网络数据平台，构建一个集计量、诊断、评估、审计等多功能于一体的综合服务管理平台，将物料计量实时数据库以图表与数据表格等多种形式实现监测、审计、能耗预警等，及时识别企业内部能源消耗异常现象，优化用能设备运行工艺，推进企业应用节能新设备、采用节能新技术实现节能减排。使用《基于动态修正的分炉煤计量系统》科技项目实行分炉煤计量，其校准准确度远高于 0.25%。浙江浙能乐清发电有限责任公司年耗煤约 500 万 t，按照提高精度 0.3% 计算，公司每年可以间接节约原煤 1.5 万 t，带来经济效益约 900 万元。同时，该科技项目的投运，可实现对入炉煤电子皮带秤的常规校验，节省一套价格约 250 万的入炉煤电子皮带秤实物校验装置。

基于动态修正的分炉煤计量系统的主要技术指标如下：

(1) 适用范围：容量小于 800t 的原煤仓。

(2) 给煤能力：10~120t/h。

(3) 原煤仓校准的最大允许误差：不大于 ±0.25%。

(4) 负荷传感器：带数字动态补偿扭环式。

(5) 传感器数量：动态补偿扭环式 48 个，高精度标准比对 4 个。

5.3　在线故障诊断和故障定位

为了解决电子皮带秤在线核查中的"故障诊断""故障定位"和"自恢复"问题，有效提高电子皮带秤运行的稳定性和可靠性，浙能温州电厂科技人员和上海蓝箭称重技术有限公司联合浙江省计量科学研究院，在"电子皮带秤远程自动校验装置"研究成果的基础上，进行"电子皮带秤在线核查能力提升"的再研究与开发，研制了"电子皮带秤故障诊断及自恢复系统"。系统能够通过对电子皮带秤各传感器的工作状态、瞬时流量以及皮带速度，在运行中对各个参数进行实时监控，运用人工智能和大数据进行分析，得出各个传感器之间的数据相关性，及时发现电子皮带秤输送计量时出现的各种物料卡涩、秤架积料、皮带跑偏、传感器故障等影响计量性能的动态因素，智能化地进行故障诊断及故障定位，从而指导操作人员方便地对有故障的部位进行消缺或更换处理；在问题出现又无法停止生产进行处理时，能利用人工智能自恢复系统在发生非致命性故障时自动进行应急转换工作模式，进行有效的自恢复处理，以保证煤燃料计量数据准确、可靠。

5.3.1　电子皮带秤在线故障诊断和故障定位基本原理

电子皮带秤故障诊断及自恢复系统根据历史运行采集的大量关键计量数据情况建立系统知识库，主要有设备相关点的标准、数据失真现象、可能原因、频谱分析信息库、相关分析信息库等；借助于推理分析单元，调用知识库的有关知识对设备运行实际计量累积数据进行计算、分析，并进行相应的处理，给出相应的解决方案。电子皮带秤故障诊断及自恢复系统基本设备如图 5-21 所示。

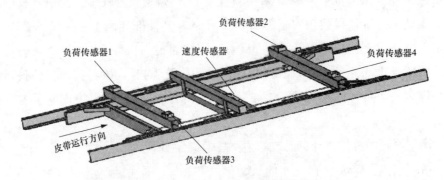

图 5-21　电子皮带秤故障诊断及自恢复系统基本设备

当被输送物料从左面向右面从秤架上依次经过负荷传感器 1（负荷传感器 3）和负荷传感器 2（负荷传感器 4）时，4 个负荷传感器的 AD 值分别为 AD_1、AD_2、AD_3 和 AD_4。它们相对于时间的函数为 $f_{AD_1}(t)\left[f_{AD_2}(t)\right]$ 和 $f_{AD_3}(t)\left[f_{AD_4}(t)\right]$。如果皮带速度为 v，负荷传感器 1 到负荷传感器 2 之间的距离为 L，则 $f_{AD_1}(t)\left[f_{AD_2}(t)\right]$ 和 $f_{AD_3}(t)\left[f_{AD_4}(t)\right]$ 的测量值延时 L/v 时间后是相关的，则

$$\int_{t_0}^{t_1}\left[f_{AD_1}(t)+f_{AD_3}(t)\right]\times K_{13}(FR)\times \mathrm{d}t = \int_{t_0+L/v}^{t_1+L/v}\left[f_{AD_2}(t)+f_{AD_4}(t)\right]\times K_{24}(FR)\times \mathrm{d}t$$

式中　$K_{13}(FR)$ 和 $K_{24}(FR)$——负荷传感器 1、3 和负荷传感器 2、4 在不同流量下的修正系数。

系统会依据上述公式，根据采集的大量数据，在正常的物料输送计量过程中，依靠"人工智能"的自学习、思考、理解和判断能力，得出并不断修正 $K_{13}(FR)$ 和 $K_{24}(FR)$ 函数，为故障诊断及自恢提供有效的算法。一旦此相关的关系被明显打破，则意味着计量系统可能发生故障。电子皮带秤故障诊断及自恢复系统正是运用人工智能和大数据进行智能化分析，从各个传感器之间的数据相关性进行判断分析和处理，完成负荷传感器故障诊断和系统自恢复的功能。同样，人工智能故障诊断及自恢复系统根据 $f_{AD1}(t)\left[f_{AD2}(t)\right]$ 和 $f_{AD3}(t)\left[f_{AD4}(t)\right]$ 的相关性，可以对物料偏载以及皮带跑偏等故障情况进行相应的分析判断，并依此进行相关的处理。

5.3.2　电子皮带秤故障诊断及自恢复系统连接及功能界面

电子皮带秤故障诊断及自恢复系统安装前，应仔细阅读厂家说明书，在确认掌握了安装过程基础上，分别按图 5-22、图 5-23 进行设备连接与接线。

图 5-24 所示为电子皮带秤故障诊断及自恢复系统主工作界面。

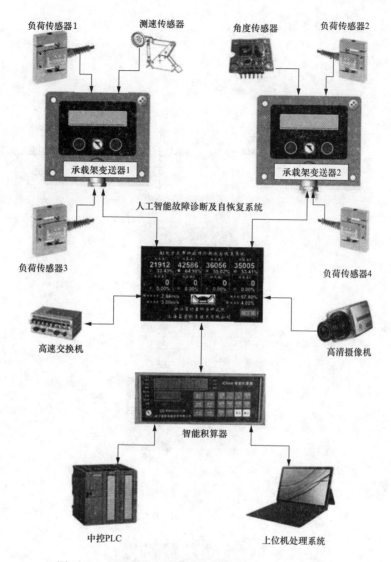

图 5-22　电子皮带秤故障诊断及自恢复系统连接框图

接线无误后打开系统电源，电子皮带秤故障诊断及自恢复系统液晶屏幕显示欢迎界面 3s 后，可进入主界面，主界面区域显示说明如下：

（1）主界面顶上的 8 块是负荷传感器工作状态显示区，供显示额的负荷传感器最多有 8 个，可提供最多两组 4 托辊的电子皮带秤负荷传感器工作状态监视。每个显示区包括负荷传感器测量值显示区及满负荷百分比显示区，在满负荷百分比显示区左方有状态显示块。绿色状态显示块表示工作状态正常，黄色状态显示块表示本传感器由于出现超过人工智能故障诊断"报警阈值"发生的报警状态。由于电子皮带秤是一种动态计量设备，实际负荷传感器的输出波动会非常大，所以人工智能的判断系统会对数据进行一定时间的滤波，以防止产生误报警。当超过阈值的状态达到一定时间后才发出报警状态。一旦系统发出报警信号，检修人员必须根据故障诊断及自恢复系统的报警部位及时更换相应的负荷传感器，保证系统正常运行。

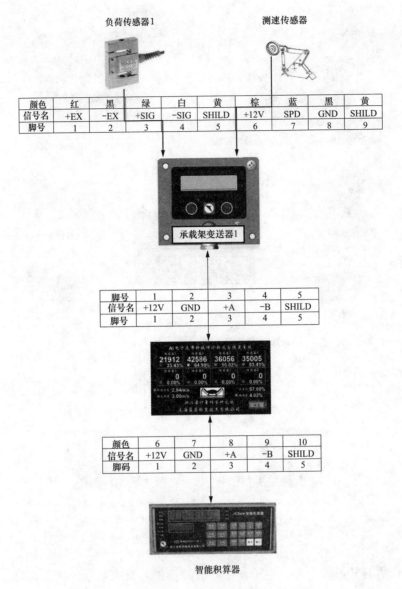

颜色	红	黑	绿	白	黄	棕	蓝	黑	黄
信号名	+EX	-EX	+SIG	-SIG	SHILD	+12V	SPD	GND	SHILD
脚号	1	2	3	4	5	6	7	8	9

脚号	1	2	3	4	5
信号名	+12V	GND	+A	-B	SHILD
脚号	1	2	3	4	5

颜色	6	7	8	9	10
信号名	+12V	GND	+A	-B	SHILD
脚码	1	2	3	4	5

图 5-23　电子皮带秤故障诊断及自恢复系统接线示意图

（2）状态显示块的红色状态显示块表示本传感器由于出现超过人工智能自恢复系统诊断阈值发生了紧急自恢复状态。紧急自恢复状态的出现是系统检测并判断发生了超过"自恢复阈值"的严重传感器故障，且发生这种情况时已经无法进行正常计量工作了，在这种情况下，必须停机更换发生故障的传感器。但是往往在物料输送过程中，有时根本无法立即停止作业。故障诊断及自恢复系统在发生非致命性故障时立即启动"自恢复模式"，系统根据发生故障前一段时间内系统采集分析的数据相关性函数，用当前正常传感器的采集数据，经过"大数据人工智能专家系统"处理后取得的模拟仿真数据替代故障传感器，进行有效的自恢复处理，以保证煤燃料计量数据准确、可靠。

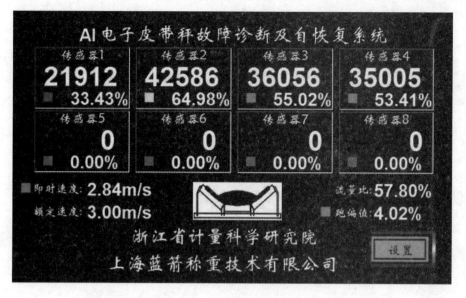

图 5-24　电子皮带秤故障诊断及自恢复系统主工作界面

（3）界面左下角为"即时速度"和"额定速度"的显示区，分别显示皮带机的即时带速和额定带速，在"即时速度"的左方有带速状态显示块，绿色状态显示块表示皮带速度传感器工作状态正常，黄色状态显示块表示皮带速度传感器工作状态超过了故障诊断"报警阈值"发生的报警状态，预示皮带速度传感器发生故障或出现了输送皮带"失速"情况；红色状态显示块表示皮带速度传感器工作状态超过了故障诊断"自恢复阈值"发生的严重报警状态，预示皮带速度传感器损坏或出现了输送皮带停止情况。

（4）界面中下部为皮带横截面"煤流状态"的显示区，显示皮带秤上流经物料占满负荷的百分比示意图。

（5）界面右下部为"流量比"和"跑偏值"的显示区。该显示区下面是"设置"按键，供操作员更改系统参数使用。

图 5-25 所示为电子皮带秤故障诊断及自恢复系统设置界面，参数设置按以下操作步骤：

1）点击"设置"按键可以进入"设置"界面，供操作员修改系统参数，如果必须修改系统参数，必须首先输入"密码"。

2）"负荷报警阈值"：设定范围为 0%～25%，该值表示当某个负荷传感器的测量值的计算误差大于"负荷报警阈值"时系统发出某个负荷传感器故障报警信号，提醒维修人员及时到现场检查并更换故障传感器。

3）"速度报警阈值"：设定范围为 0%～25%，该值表示当速度传感器的实时速度测量值与额定带速的误差超过"速度报警阈值"时系统发出速度传感器故障报警信号，提醒维修人员及时到现场检查并更换故障速度传感器。

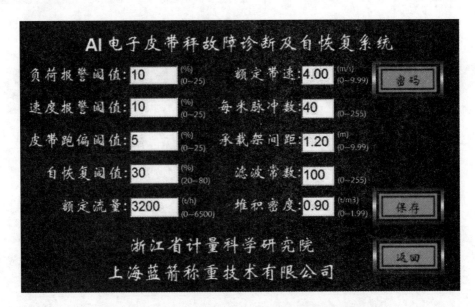

图 5-25　电子皮带秤故障诊断及自恢复系统设置界面

4）"跑偏报警阈值"：设定范围为 0％～25％，该值表示当根据负荷传感器的测量值计算出的皮带跑偏或物料偏载值大于"跑偏报警阈值"时系统发出皮带跑偏故障报警信号，提醒维修人员及时到现场检查皮带跑偏或物料偏载等情况。

5）"自恢复阈值"：设定范围为 20％～80％，该值表示当某个负荷传感器测量值的计算误差大于"自恢复阈值"时，该传感器已经产生严重的故障，以至于系统会产生明显的不可接受的计量误差。此时系统会立即启动"自恢复模式"，系统根据发生故障前一段时间内系统采集分析的数据相关性函数，用当前正常传感器的采集数据，经过系统处理后取得的模拟仿真数据替代故障传感器，进行有效的自恢复处理，以保证煤燃料计量数据准确、可靠。

6）"额定流量"：设定范围为 100～9999t/h，该值表示本皮带的额定运行速度。

7）"额定带速"：设定范围为 0.1～5.0m/s，该值表示本皮带的额定运行速度。

8）"每米脉冲数"：设定范围为 0～255，该值表示本系统速度传感器的每米脉冲数。

9）"承载架间距"：设定范围为 0.1～9.9m，该值表示本电子皮带秤的承载架间距，也就是负荷传感器的间距。

10）"堆积密度"：设定范围为 0.1～1.9t/m³，该值表示本电子皮带秤输送的物料的堆积密度，此数据供系统利用图像处理系统得出的煤截面的面积换算成"图像流量"值，用以智能判别实际计量系统得出的流量的可靠性。

11）"滤波常数"：设定范围为 0～255，该值用于不同电子皮带秤使用状态的数据处理常数。

5.3.3　系统主要技术指标与注意事项

电子皮带秤故障诊断及自恢复系统适用电子皮带秤输煤燃料计量，其主要技术指标如下：

(1) 负荷报警阈值设定：0％～25％。

(2) 速度报警阈值设定：0％～25％。

(3) 皮带跑偏检测阈值：0％～25％。

(4) 额定流量设置范围：100～9999t/h。

(5) 自恢复检测阈值：20％～80％。

(6) 系统故障诊断检出率：≥85％。

(7) 系统平均故障恢复时间：不大于 0.5h。

做好电子皮带秤故障诊断及自恢复系统的运维工作，是保证其主要技术指标满足要求的必要条件。因此运行中应当注意：

1) 一旦电子皮带秤故障诊断及自恢复系统发生报警状态时，应马上派有关人员到现场进行处理，消除有关故障或更换性能下降的部件。

2) 系统发生自恢复状态时，虽然系统仍然能够应急进行计量工作，但是不能保证维持有效的计量准确度。因此，一旦系统可以停运，应立即进行维修，查明系统发生自恢复的原因并予以消除，如有失效部件，更换后重新进尖行系统标定，以保证系统计量准确度。

电子皮带秤的相关技术研究

本章讨论电子皮带秤的耐久性和测评、皮带秤计量和水尺计量研究给出的结论性意见，这对提高皮带秤产品实际使用的有效性，确保我国皮带秤产品技术要求与国际法制计量组织（OIML）技术文件充分接轨，以及对解决国内外关于船舶水尺计量准确性的争议都具有指导意义。

6.1 电子皮带秤的耐久性

6.1.1 何谓电子皮带秤的耐久性

连续累计自动衡器（皮带秤）是利用重力原理，以连续计量的方式确定所通过其皮带输送机的散状物料累计质量的自动衡器。因其不间断计量、大流量输送、在线动态称重的工作方式，在大宗散装物料的资源开采、贸易运输、生产加工等过程中广泛使用，应用于矿山、建材、冶金、能源、仓储等诸多行业。出于准确计量的实际使用需要，皮带秤的耐久性已越来越受到使用者、制造商以及品质监管机构等各方的重视。然而，耐久性试验该在何时进行、该用什么样的试验项目来考察电子皮带秤的耐久性切实可行的测评方法是国内外都在研究的课题。

OIML R50-1：2014《连续累计自动衡器（皮带秤）》国际建议耐久性定义：计量器具在经过规定的使用周期后维持其运行特性的能力。此外，OIMLR 50-1：2014 还给出了两个与耐久性相关的术语：耐久性误差、计量器具在经过规定的使用周期后的固有误差与其初始固有误差之间的差别。

作为一种计量器具，皮带秤的基本功能是对输送过程中的大宗散状物料进行连续累计自动称量，核心是应能提供满足称量准确度的计量结果，同时皮带秤并非一种不可修复的一次性使用设备。

（1）对于皮带秤而言，考察耐久性显然不能仅拘泥于机械零部件磨损或电子器件失效以致不能或不适合再修复，故而所谓的极限状态并非是指已必须报废而终止总寿命的状态，而应当是指其自动称量误差已超出了规定的相应准确度等级的最大允许误差，而且超差的情形已不能采用清零或其他不改变原校验状态计量特性曲线的简单操作来纠正，而必须重新检定或校验。

（2）皮带秤已出现了显著耐久性误差，其原有的计量特性已得不到维持，原先的计量特性曲线发生了"变质"，在"经济和技术上已不宜再继续使用"，也就可认为已达到了极限状态，那么其使用寿命也就中止了，所谓的使用寿命只是阶段性的，是能够"复活"或"再生"的。

（3）计量器具需要规定检定周期或校验周期，目的就是要保障其在此规定的时间段内的运行或计量特性能够满足规定要求。因此，皮带秤的检定或校验周期应当与该型式皮带秤耐久性试验所反映的使用周期基本一致。检定或校验周期过长，皮带秤在规定的使用周期尚未届满，显著耐久性误差就会显现，不能继续维持正常的计量性能；反之，过于频繁的检定或校验则会造成资源浪费和使用的不便，都是不合适的。

6.1.2　电子皮带秤的耐久性测评

耐久性是电子皮带秤的一项重要性能，耐久性测评是电子皮带秤的一项不可缺的试验。电子皮带秤的耐久性测评试验应在电子皮带秤的型式评价、检定和使用中核查时的各种计量控制时段进行，但在实施不同的计量控制手段时，耐久性测评的具体方式或方法有所不同：

1. 测评依据的技术文件

型式评价测评依据的技术文件是皮带秤产品标准或型式评价大纲。首次检定和后续检定测评依据的技术文件是皮带秤计量检定规程。使用中核查测评依据的技术文件是皮带秤产品标准或计量检定规程。

2. 测评的自动称量误差

在实验室一般工况下，型式评价测评的自动称量误差不大于首次检定的最大允许误差；在实验室模拟恶劣工况下，型式评价测评的自动称量误差不大于使用中核查的最大允许误差。首次检定测评的自动称量误差不大于首次检定最大允许误差；后续检定测评的自动称量误差，即上一次检定后及本次检定前的两次差值不大于使用中核查最大允许误差的绝对值；使用中核查测评的自动称量误差不大于使用中核查最大允许误差。

3. 测评的试验时机

型式评价测评的试验时机应在型式批准前的全性能试验期间。首次检定的测评试验时机应在现场安装后正式启用前；后续检定的测评试验时机应在检定周期届满时；使用中核查的测评试验时机应在正式启用后按规定的时间间隔进行。

4. 测评的试验场所

型式评价测评的试验场所应在型式评价实验室。首次检定、后续检定和使用中核查的测评试验场所均在电子皮带秤的使用现场。

5. 测评的试验载荷

型式评价测评的试验载荷采用型式评价实验室的试验用散状物料。首次检定和后续检定的测评试验载荷采用电子皮带秤实际传送的物料；使用中核查的测评试验载荷可以采用电子皮带秤实际传送的物料，也可以采用模拟载荷装置。

6. 测评的试验工况

型式评价测评的试验工况既要有型式评价实验室内的正常工况，也要有型式评价实验室内模拟的恶劣工况。首次检定、后续检定和使用中核查的测评试验工况就是皮带秤使用现场的实际工况。

综上所述，鉴于目前我国对连续累计自动衡器（皮带秤）产品的技术规范性文件（型式评价大纲、产品标准和计量检定规程）对"耐久性"规定尚不明确，出于对皮带秤产品实际使用的有效性考虑，确保我国皮带秤产品技术要求与国际法制计量组织（OIML）技术文件的充分接轨，建议：尽快明确"耐久性"技术要求在我国技术规范中的具体要求，在皮带秤产品的型式评价大纲、产品标准和计量检定规程修订之时，补充详细的耐久性测评要求和方法。

6.2 皮带秤计量和水尺计量

在用电子皮带秤进行煤计量时往往对于究竟是皮带秤准确还是水尺准确大家一直非常纠结。其实早在 20 世纪 80 年代，国家技术监督局 1988 年重点科技项目《港口皮带秤应用及船舶水尺计量性能试验研究》，1992 年 3 月在宁波就通过了由国家技术监督局主持的专家评审鉴定。该项目是交通部体制改革司提出，由交通部标准计量研究所承担的，参加单位有中国技术监督情报所，上海、宁波、大连港务局。该项目研究成功对国家计量政策和法律的决策以及推动港口的计量工作具有十分重要的作用，而船舶水尺计量性能试验研究在国内外尚属首次。

6.2.1 问题的提出及研究内容

1. 项目宗旨

《港口皮带秤应用及船舶水尺计量性能试验研究》项目是交通部"七五"重点科技发展项目《内河港口散货计量设备配备研究》（已于 1991 年 11 月通过了交通部主持的专家评审鉴定）的相关项目，在上述项目研究过程中，发现港口计量工作中普遍存在以下两个方面的问题。

（1）港口对采用电子皮带秤持不信任态度，使其推广应用收到相当大的阻力。

由于港口装卸工作既有特殊性，又属贸易结算范畴，所以为其配备的计量器具，不但要有一定的准确度，而且还要快速、连续、稳定、可靠。电子皮带秤是一种自动、连续的计量设备，投资少、投产快，基本上不需改变皮带输送机的装卸工艺，因此，对港口大宗散货，特别是煤炭、矿石等一类的散货，是较理想的计量设备。但是，由于过去我国生产的电子皮带秤性能不稳定，计量数据不可靠，对维护、使用人员技术素质的要求高，检定工作量大等，故很多港口对大宗散货计量是否采用电子皮带秤犹豫不决，特别是有些过去曾使用过电子皮带秤而效果不好的港口，更是心有余悸。对目前国内生产的电子皮带秤的性能仍持怀疑态度，但对用皮带输送机进行装卸的大宗散货，又找不到比电子皮带秤更经济、合理的计量设备，使各港计量设备配备工作长期不能完善。因此，对港口电子皮带秤应用进行研究，突破有关技术关键，对解决港口大宗散货计量问题有重要意义。

（2）很多港口特别是内河港口，以可用船舶水尺进行大宗散货计量为理由，而不配备必要的计量设备，影响了港口计量工作的发展。

船舶水尺是国内外一直沿用的一种计量手段，称为公估法，但其计量性能如何，准确度能达到多少，过去没有定论。虽然国内外很多专家对此进行了长期研究，也做了大量的分析和论述，但都是以船舶的设计和制造工艺为依据的，与实际情况差异很大，故对船舶水尺的计量性能褒贬不一，有的认为其准确度可达±0.5%，有的认为其准确度仅达±5%。因此，国家技术监督局无法决定船舶水尺能否作为依法管理的计量器具，用于货物的贸易交接上。

以上两个问题只有通过科学、合理的试验，得到大量的试验数据，进行科学的统计和分析，才能得到令人信服的结论，这就是提出本项目的宗旨。

2. 研究内容

经交通部与国家技术监督局多次协商，确定了要进行的 4 个研究内容：

（1）试验考核国产电子皮带秤在港口条件下使用的长期稳定性和可靠性。

（2）验证船舶水尺计量的准确性和可靠性。

（3）设计一种简便、实用的皮带秤实物检定用斗秤。

6.2.2 项目试验研究的结论性意见

课题组经过 3 年的努力，进行了大量的调查、试验工作，以定性和定量相结合的分析方法，对所得到的大量试验数据进行科学的分析和研究，就项目预定内容得出以下结论。

1. 关于电子皮带秤在港口的应用

在实际使用中国产电子皮带秤的技术指标，经过精心调试，消除系统误差，已经达到 GB/T 7721 中规定的 0.5 级电子皮带秤，检定时的动态累计误差小于±0.25%。试验结果表明：

国产电子皮带秤长期稳定性和可靠性差的问题，目前已基本解决。经过在上海、宁波两港的试验、考核和对张家港等的调查，证明它们使用的电子皮带秤的计量性能是稳定、可靠的，周期检定时的动态累计误差都在±0.5%以下；在使用中采用挂码、校零点、校量程等方法，就可保证计量数据准确、可靠。上海集团煤炭分公司采用主秤、副秤计量的办法，有效地解决了电子皮带秤的稳定性、可靠性问题。

电子皮带秤都会产生故障，但在参加试验的港口和课题组调查的港口里，其技术人员都具备了排除一般故障的能力，试验过程中均未发生因不能排除故障而停用的情况。

电子皮带秤是港口大宗散货计量较理想的设备，如使用、管理得当，可产生巨大的社会效益和经济效益。

上海集团煤炭分公司由于采用电子皮带秤计量出港煤炭，在 1984～1985 年一年多的时间里，破获盗煤团伙 8 个，追缴赃款 11.4 万元，查获多装煤炭船 157 艘，追回煤炭 999.49t，得到罚款 10.4 万元，追回起驳费 5289.3 元。同时，电子皮带秤的计量收费也使上海港收到很大效益，仅 1990 年一年计量收费就达 250 万元。某港务局煤炭亏损率原为 3.9%，安装电子皮带秤后仅 1 年，就使煤炭亏损率下降到 2.2%，达到了交通部的要求。

电子皮带秤也有一些不足，如对皮带输送机的要求较高，维护、管理人员要有一定的水平，实物检定工作量大等。但上述港口的经验表明，电子皮带秤的不足是可以克服的，关键在于：配备时选型要准确、安装条件要符合有关标准及生产厂的要求、要有有效的实物检定手段、有一定的技术管理水平等。

上述分析表明：用于贸易结算的中小型流量的电子皮带秤，已进入实用阶段，应在我国港口推广使用。

2. 关于船舶水尺计量性能

在验证船舶水尺计量性能的试验中，对船舶水尺进行了近百次的性能试验。用定量包装秤（大连港）、电子皮带秤（上海、宁波港）、流量计（南京港）与船舶水尺进行对比，同时考核计量人员执行水尺的计量性能。试验采用随机抽样方法。实测的船舶既有固体散货船，也有液体散货船；既有机动船，也有驳船；既有国内船舶，也有国外船舶；吨位从 100t 到 60000t。

1992 年，在镇海港埠公司煤炭队 1 号装船泊位进行了现场测试对比分析。

在对比试验中，凡是水尺计算值与电子皮带秤称量值相近的船只，都是船形好（未发生变形）、水尺刻度线清晰、符合规定的。从气候来看，晴朗和风小的天气，对装船影响较小。

（1）水尺计算值与电子皮带秤称量数相差较大的原因。

1）船体变形，引起水尺刻度线不准。

2）船只的水尺刻度线间隔太大，有的船只仅有空载刻度线和满载刻度线，中间没有刻度线，水尺要靠估算。

3）有的船空船时的水尺线与航行簿的登记值不一致，即当空载水尺与实看空载水尺不一致时，满载后水尺值估算不准确。

4）装载时，如一头超过满载水尺线而进行估算时，容易产生误差。

5）装载时，如偏一头，虽未超过满载水尺线，由于船形前后不一样，这时计算出的平均水尺值会产生误差。

6）人为误差。没有核对回煤水尺。

7）气候影响。装船时，大风将计算机皮带秤称量过的煤吹走，也会增大误差。如此时水尺不准，误差就更大了。

船舶水尺计量与电子皮带秤计量试验数据比对表见表 6-1。

表 6-1　　　　　　　　船舶水尺计量与电子皮带秤计量试验数据比对表

编号	天气	船吨位（t）	水尺计算值（t）	电子皮带秤称值（t）	误差（%）
1	阴北风 6～7 级	2000	1858.75	1819.65	+2
2	晴	2000	1775	1777.6	−0.17
3	晴	2000	1685	1695.3	−0.6
4	小雨	2000	1836	1799.38	+2
5	晴	1000	961	999.26	−3.8
6	晴	1000	1000.7	999.73	+0.1
7	晴	330	319.3	328.355	−2.9
8	晴	475	475	474.30	+0.15
9	晴	475	453	474.48	+4
10	晴	330	328	329.48	−0.5
11	多云转阴	475	475	474.86	+0.03
12	阴北风 7～8 级	330	303	330.33	−8.1
13	晴	370	345	369.10	−6.4
14	晴	261	261	260.19	+0.3
15	晴	120	119.6	119.97	−0.3
16	晴	150	151.2	150.16	+0.66
17	阴北风 6～7 级	405	372.2	404.8	−7.9
18	晴	160	156	160.35	−2.5
19	晴	150	145	150.28	−3.3
20	晴	330	330	330.42	−0.13
21	晴	475	462	473.94	−2.5

（2）试验结论。由于试验采用随机抽样方法。实测的船舶既有固体散货船，也有液体散货船；既有机动船，也有驳船；既有国内船舶，也有国外船舶；吨位从 100t 到 60000t。所以，试验具有广泛的代表性。经过对船舶水尺计量性能试验数据的分析和研究，得出下列结论：

1）按 95% 的置信概率，船舶水尺的计量误差不大于 3%。

2）船舶水尺计量受客观环境条件的影响很大，如船舶状况、风浪、有些码头船舶停靠后无法观测六面水尺等，此外还与观测者的水平、经验、责任心以及心理状态有很大关系。在同样条件下不同的人对同一艘船进行观测，可能产生较大差异，甚至同一个人两次观测结果也差异较大，因此，船舶水尺计量的可靠性是较差的。

《港口电子皮带秤应用及船舶水尺计量性能试验研究》项目课题组得出的结论是不宜将船舶水尺纳入国家依法管理的计量器具之中，理由是：

a. 误差大，远远超出了货物交接允差的范围，如果用于贸易结算，会给国家、有关部门或货主带来较大的经济损失。

b. 可靠性差，难于复现准确的量值，在贸易交换过程中，如发生计量纠纷时，无法进行仲裁。

c. 船舶水尺状况复杂，有相当一部分在用船舶缺少必要的水尺资料，有的船舶水尺模糊不清，有些船主私改水尺，有的船舶没有水尺，政府计量部门无法对其进行监督。

d. 对船舶水尺的计量非常困难，甚至无法实施，所以难于溯源到国家基准。

（3）建设措施。鉴于目前我国港口，特别是内河港口缺乏资金，技术及管理水平较低，在相当长一段时间内无法配备必要的计量设备，《港口电子皮带秤应用及船舶水尺计量性能试验研究》项目课题组提出以下几点建议，作为过渡措施。

1）对于确属原来原转又不致分拆不均的货物，允许使用船舶水尺，但只作为保证航行安全的手段，而不作为贸易交接的依据。

2）在做好质量管理工作、严格执行水尺操作规程及船舶水尺状况良好的前提下，满足下列条件之一者，允许使用船舶水尺作为贸易结算的依据：

a. 黄沙、建筑用低值材料等。

b. 长期对同一货主供货，全年进行盈亏结算的较低值货物，如煤炭、矿石等。

c. 有些目前尚无合适计量器具的情况，如过驳业或单机装卸量大于 1000t/h 的作业线。

3）单船交接或非整船交接的非低值货物，不能用船舶水尺计量数据作为贸易交接的依据。

《港口电子皮带秤应用及船舶水尺计量性能试验研究》项目课题组研制的"可移动式皮带秤检定斗秤"已经过南通市计量局检定，其性能达到了预定的指标，有待进一步试用、推广。

在国家技术监督局组织的项目鉴定会上，与会专家一致认为：《港口电子皮带秤应用及船舶水尺计量性能试验研究》项目面向生产实际，立题正确；研究成果为主管部门决策提供了科学依据；对解决国内外关于船舶水尺计量准确性的争议具有指导意义，对国际散货贸易计量是一个有益的贡献。《港口电子皮带秤应用及船舶水尺计量性能试验研究》项目的完成，无疑对港口计量工作的发展会起到指导和促进作用。

附件 DL/T 2064—2019 电子皮带秤在线期间核查技术规程

1 范围

本标准规定了电子皮带秤的计量性能要求以及在线期间核查的条件、要求、试验步骤和结果处理。

本标准适用配有主秤、副秤及叠加砝码的电子皮带秤的在线期间核查。

2 规范性引用文件

下列文件对于本文件的应用是必不可少的。凡是注日期的引用文件，仅所注日期的版本适用于本文件。凡是不注日期的引用文件，其最新版本（包括所有的修改单）适用于本文件。

GB/T 4167 砝码

GB/T 7721 连续累计自动衡器（皮带秤）

GB/T 27418 测量不确定度评定和表示

JJG 195 连续累计自动衡器（皮带秤）检定规程

3 术语和定义

GB/T 7721 和 JJG 195 界定的以及下列术语和定义适用于本标准。为了便于使用，以下重复列出了这些标准中的一些术语和定义。

3.1

电子皮带秤 electronic belt weigher

无需中断输送带的运动，而对输送带上的散状物料进行连续称量的电子自动衡器。

3.2

累计分度值 totalization scale interval

d

皮带秤在正常的称量方式下，总累计显示器或部分累计显示器以质量单位表示的两个相邻显示值的差值。

［JJG 195—2019，定义 3.1.4］

3.3

最小累计载荷 minimum totalized load

Σ_{min}

以质量单位表示的累计量，低于该值时就有可能超出本标准规定的相对误差。

3.4

电子皮带秤主秤 main electronic belt weigher

安装在同一台输送皮带机上的用于输送物料计量的电子皮带秤，简称"主秤"。

3.5

电子皮带秤副秤 vice electronic belt weigher

安装在同一台输送皮带机上的用于对主秤进行核查的电子皮带秤，当电子皮带秤主秤发生故障时，可以替代电子皮带秤主秤作为输送物料计量的电子皮带秤，简称"副秤"。

3.6

叠加砝码 add-in weights

用于校验电子皮带秤量程误差的叠加质量块。

3.7

期间核查 intermediate checks

根据规定的程序，对电子皮带秤在相邻的两次检定/校准间隔内是否保持原有状态而进行的操作。

3.8

在线期间核查 online intermediate checks

根据规定的程序，对电子皮带秤在相邻的两次检定/校准间隔内是否保持原有状态，在电子皮带秤运行过程中进行的操作。

4 符号

本标准中符号的含义见表1。

表1   本标准中符号的含义

序号	符号	说 明	单位
1	D_L	砝码叠加试验累计理论值	kg
2	E	砝码叠加试验绝对误差	kg
3	E_1	主秤、副秤比对相对误差	—
4	E_2	砝码叠加试验相对误差	—
5	L	电子皮带秤的理论称量跨长度	m
6	M_L	被核查电子皮带秤的理论称量跨长度上物料质量	kg
7	M_{DJ}	叠加砝码质量	kg
8	N	砝码叠加测试圈数	—
9	Q_G	每米输送物料的质量	kg/m
10	Q_{max}	电子皮带秤的最大流量	t/h
11	Q_{min}	电子皮带秤的最小流量	t/h
12	v	电子皮带秤的皮带机的名义带速	m/s

续表

序号	符号	说　　明	单位
13	K_s	单位换算产生的系数，$K_s=3.6$	—
14	T_{CZ}	主秤累计初值	kg
15	T_{CF}	副秤累计初值	kg
16	T_{FZ}	砝码叠加试验主秤的实际累计值	kg
17	T_{FF}	砝码叠加试验副秤的实际累计值	kg
18	T_{SZ}	主秤比对时间历程内的实际累计值	kg
19	T_{SF}	副秤比对时间历程内的实际累计值	kg
20	T_{ZZ}	主秤的累计终值	kg
21	T_{ZF}	副秤的累计终值	kg
22	Δ	主秤、副秤的累计差值	kg

5　计量性能要求

5.1　自动称量的最大允许误差

自动称量的最大允许误差应符合表 2 中累计载荷质量的百分数；根据需要可将这个百分数化整到最接近于累计分度值 d 的相应值。

表 2　　　　　　　　　　自动称量的最大允许误差

准确度等级[a]	累计载荷质量的百分数（%）	
	首次检定、后续检定	使用中检验
0.2	±0.10	±0.20
0.5	±0.25	±0.50
1	±0.50	±1.00
2	±1.00	±2.00

[a]　准确度等级见 GB/T 7721 要求。

5.2　零点累计值的最大允许误差

在皮带转动一个整数圈且持续时间不低于 3min，零点累计值应不超过表 3 中最大流量 Q_{max} 下累计载荷质量的百分数。

表 3　　　　　　　　　　零点累计值的最大允许误差

准确度等级	最大流量 Q_{max} 下累计载荷质量的百分数（%）
0.2	0.02
0.5	0.05
1	0.10
2	0.20

5.3 最小累计载荷

最小累计载荷 Σ_{min} 应不小于下列各值的最大者：

a）在最大流量下 1h 累计载荷的 2％；

b）在最大流量下皮带转动 1 圈获得的载荷；

c）对应于表 4 中相应准确度等级累计分度值的载荷。

表 4   最小累计载荷的累计分度值

准确度等级	累计分度值 d
0.2	2000
0.5	800
1	400
2	200

5.4 不确定度

不确定度应不大于被核查电子皮带秤相应等级使用中检验最大允许误差的 1/3。

5.5 流量范围

5.5.1 最大流量 Q_{max} 是由称重单元的最大秤量与电子皮带秤最高速度得出的流量。

5.5.2 最小流量 Q_{min} 应不小于最大流量 Q_{max} 的 20％。

6 在线期间核查

6.1 核查条件

6.1.1 在同一台带式输送机上已安装主秤和副秤各 1 台，副秤的准确度等级应不低于主秤，称量范围应与主秤一致，且确认符合电子皮带秤的安装技术要求。

6.1.2 副秤上应安装 1 台砝码叠加装置，包括叠加砝码和叠加砝码收放器，叠加砝码应处于有效的溯源周期内，准确度等级应不低于 GB/T 4167 中 M_{12} 级砝码的要求。

6.1.3 安装有主秤、副秤的带式输送机，应以速度变化不超过标称速度 5％的固定速度正常运行。

6.1.4 被核查电子皮带秤应定期使用实物校验装置校验，在校验合格后对副秤进行空秤砝码叠加试验，以 3 次砝码叠加试验累计量的算术平均值作为累计理论值 D_L。

6.2 核查要求

6.2.1 正常运行中的电子皮带秤应连续进行主秤、副秤比对，并确保电子皮带秤的整圈零点累计值符合表 3 的要求。

6.2.2 正常运行中的电子皮带秤，宜至少每隔 4h 进行砝码叠加试验，并确保电子皮带秤的实物标定系数正确。

6.2.3 主秤、副秤比对时，电子皮带秤应连续运行皮带整圈运行时间的整数倍，且其最小时间历程应不小于皮带转动一圈所需时间的 3 倍。

6.2.4 在规定时间内主秤、副秤的实际累计量，应不小于表 4 中最小累计载荷 Σ_{min} 的要求。

6.2.5 主秤、副秤的瞬时流量应不小于最小流量 Q_{min}，但不得超过最大流量 Q_{max}。

6.2.6 主秤、副秤比对试验的比对时间历程，应不小于主秤、副秤比对最小时间历程。

6.2.7 砝码叠加试验的测试时间历程，应按照皮带整圈运行时间的整数倍计算。

6.3 主秤、副秤比对试验

6.3.1 主秤、副秤比对试验应按以下步骤进行：

a) 核查前，皮带秤在线期间核查系统的叠加砝码应处于最高位，即与副秤的秤架脱离；

b) 对主秤、副秤正确置零后，使用皮带秤实物校验装置，进行主秤、副秤的最大允许误差校验，直到符合表 2 首次检定要求；

c) 在主秤、副秤连续累计过程中，记录比对开始时刻主秤、副秤的累计初值 T_{CZ} 和 T_{CF}；

d) 到达设定的主秤、副秤比对时间历程时，记录比对结束时刻主秤、副秤的累计终值 T_{ZZ} 和 T_{ZF}；

e) 根据累计初值及累计终值，计算出主秤、副秤在比对时间历程内的实际累计值 T_{SZ} 和 T_{SF}；

f) 根据主秤、副秤的实际累计量，计算主秤、副秤的累计差值 Δ 及主秤、副秤比对相对误差 E_1；

g) E_1 的绝对值应不大于表 2 电子皮带秤相应等级使用中检验最大允许误差绝对值的 $\sqrt{2}$ 倍；

h) 若 E_1 的绝对值超过表 2 电子皮带秤相应等级使用中检验最大允许误差绝对值的 $\sqrt{2}$ 倍时，应有显著连续的声光报警指示并停止试验；

i) 重复 a)～h) 的过程，记录过程中相关数据，保证电子皮带秤始终处于正常计量的状态，试验记录参见附录 A 中的表 A.1。

6.3.2 主秤、副秤比对试验的相对误差应按式（1）计算，即

$$E_1 = \frac{(T_{SF} - T_{SZ}) \times 100\%}{T_{SZ}} \quad\cdots\cdots\cdots\cdots\cdots\cdots\cdots\cdots\cdots\cdots\cdots (1)$$

$$T_{SF} = T_{ZF} - T_{CF}$$

$$T_{SZ} = T_{ZZ} - T_{CZ}$$

6.4 砝码叠加试验

6.4.1 砝码叠加试验应按如下步骤进行：

a) 让带式输送机开始正常输送物料，检查确认依次流过主秤和副秤的物料均匀、稳定；

b) 开始皮带秤核查时，使用叠加砝码收放器，将 M_{DJ} 质量的叠加砝码，施加到副秤的固定加载点上；

c) 记录电子皮带秤主秤、副秤的累计初值 T_{CZ} 和 T_{CF}；

d) 依次启动主秤、副秤整圈标定程序，直到砝码叠加测试圈数 N 完成；

e) 记录叠加结束时刻主秤、副秤的累计终值 T_{ZZ} 和 T_{ZF}；

f) 分别计算砝码叠加试验主秤、副秤的实际累计值 T_{FF} 和 T_{FZ}；

g) 计算 T_{FF} 和 T_{FZ} 之差同砝码叠加试验累计理论值 D_L 的相对误差 E_2；

h) E_2 的绝对值应不大于表 2 电子皮带秤相应等级使用中检验最大允许误差绝对值的 $\sqrt{2}$ 倍；

i) 若 E_2 的绝对值超过表 2 电子皮带秤相应等级使用中检验最大允许误差绝对值的 $\sqrt{2}$ 倍时，应有显著连续的声光报警指示并停止试验；

j) 经过一定的时间间隔，继续重复 a)~i) 的过程，保证电子皮带秤始终处于正确计量的状态，试验记录参见附录 A 中的表 A.2。

6.4.2 砝码叠加试验的叠加砝码质量 M_{DJ} 应按式（2）计算，即

$$M_{DJ} \geqslant 0.35 M_L \quad\cdots\cdots\cdots\cdots\cdots\cdots\cdots\cdots\cdots\cdots\cdots\cdots (2)$$

$$M_L = \frac{Q_{max} \times L}{K_s \times v} = Q_G \times L$$

6.4.3 砝码叠加试验的相对误差应按式（3）计算，即

$$E_2 = \frac{E \times 100\%}{D_L} \quad\cdots\cdots\cdots\cdots\cdots\cdots\cdots\cdots\cdots\cdots\cdots\cdots (3)$$

$$E = T_{FF} - T_{FZ} - D_L$$

$$T_{FF} = T_{ZF} - T_{CF}$$

$$T_{FZ} = T_{ZZ} - T_{CZ}$$

7 在线期间核查结果处理

7.1 同时满足以下条件时，在线期间核查结论为"符合"，皮带秤可以正常使用：

a) 主秤、副秤比对试验的相对误差 E_1 的绝对值，应不大于表 2 电子皮带秤相应等级使用中检验最大允许误差绝对值的 $\sqrt{2}$ 倍；

b) 砝码叠加试验的相对误差 E_2 的绝对值，应不大于表 2 电子皮带秤相应等级使用中检验最大允许误差绝对值的 $\sqrt{2}$ 倍。

7.2 不满足 7.1 中 a) 和 b) 的任一条时，在线期间核查结论为"不符合"。

7.3 核查验证表参见附录 B。

8 不确定度评定

8.1 当电子皮带秤进行大修或负荷传感器、叠加砝码等主要称量部件维修更换后，应做不确定度评定。

8.2 电子皮带秤不确定度评定方法示例参见附录 C。

附　录　A

（资料性附录）

电子皮带秤在线期间核查记录表

电子皮带秤在线期间核查记录表见表 A.1、表 A.2。

被核查电子皮带秤主秤型号、规格：＿＿＿＿＿＿＿；编号：＿＿＿＿＿＿＿；安装位置：＿＿＿＿＿＿；

被核查电子皮带秤副秤型号、规格：＿＿＿＿＿＿＿；叠加砝码型号、规格：＿＿＿＿＿＿；

砝码叠加累计理论值 D_L：＿＿＿＿＿＿ kg；环境温度：＿＿＿＿＿℃；相对湿度：＿＿＿＿＿＿%。

表 A.1　　　　　　　主秤、副秤比对试验数据表

比对试验起止时间	主秤累计初值 T_{CZ}	副秤累计初值 T_{CF}	主秤累计终值 T_{ZZ}	副秤累计终值 T_{ZF}	主秤实际累计值 T_{SZ}	副秤实际累计值 T_{SF}	主秤、副秤的累计差值 Δ	主秤、副秤比对相对误差 E_1

表 A.2　　　　　　　　砝码叠加试验数据表

叠加试验起止时间	主秤累计初值 T_{CZ}	副秤累计初值 T_{CF}	主秤累计终值 T_{ZZ}	副秤累计终值 T_{ZF}	主秤实际累计值 T_{FZ}	副秤实际累计值 T_{FF}	主秤、副秤的累计差值 Δ	砝码叠加试验相对误差 E_2

核查人：＿＿＿＿＿＿＿＿＿　　　　　核查日期：＿＿＿＿＿＿＿＿＿

附 录 B

（资料性附录）

电子皮带秤在线期间核查验证表

电子皮带秤在线期间核查验证表见表 B.1。

表 B.1　　　　　　　　　电子皮带秤在线期间核查验证表

被核查的设备名称	电子皮带秤		
核查的项目（或参数）			
采用的核查标准			
控制限			
核查结果			
核查次数	主秤、副秤比对相对误差 E_1	砝码叠加试验相对误差 E_2	是否在控制限内
核查结果验证结论			
验证时间		验证人	

附 录 C
（资料性附录）
不确定度评定示例

C.1 概述

评定依据：参见 JJG 195 和 GB/T 27418。

环境条件：温度为 $-10\text{℃} \sim +40\text{℃}$；相对湿度小于或等于 90%RH。

评定标准器：叠加砝码。

评定对象：0.5 级电子皮带秤。

评定过程：电子皮带秤以动态运行方式进行物料的累计秤量。在称量过程中，既包含了随机影响量，又包含了系统影响量。测量方法参照 6.4.1 的步骤。

评定结果的使用：在符合上述条件下，在线期间核查的不确定度应不大于被核查电子皮带秤相应等级使用中检验最大允许误差的 1/3。对 0.5 级的电子皮带秤，其累计分度值 $d=1\text{kg}$，控制衡器选用准确度为 M_{12} 级的叠加砝码，一般可使用本不确定度的评定结果。对于各种规格电子皮带秤的叠加砝码试验误差测量结果的不确定度可采用本评定方法。

C.2 砝码叠加试验误差的数学模型

根据 6.4.3 砝码叠加试验相对误差的计算公式为

$$E_2 = \frac{E \times 100\%}{D_{\text{L}}}$$

$$E = T_{\text{FF}} - T_{\text{FZ}} - D_{\text{L}}$$

$$T_{\text{FF}} = T_{\text{ZF}} - T_{\text{CF}}$$

$$T_{\text{FZ}} = T_{\text{ZZ}} - T_{\text{CZ}}$$

依方程

$$u_{\text{c}}^2 = \sum_{i=1}^{n} \left(\frac{\vartheta f}{\vartheta x_i} \right)^2 u^2(x)$$

由于输入量间不相关得到砝码叠加试验误差的不确定度为

$$u_{\text{E}} = \sqrt{u_{T_{\text{FZ}}}^2 + u_{T_{\text{FF}}}^2 + u_{D_{\text{L}}}^2}$$

C.3 砝码叠加试验副秤的实际累计值的不确定度 $u_{T_{\text{FF}}}$ 评定

C.3.1 砝码叠加试验副秤的实际累计值的不确定度 $u_{T_{\text{FF}}}$ 来源主要是电子皮带秤副秤的累计终值引入的不确定度 $u_{T_{\text{ZF}}}$ 和副秤的累计初值引入的不确定度 $u_{T_{\text{CF}}}$，因副秤累计初值和终值直接影响副秤的实际累计值，按不确定度评定取大值保守考虑设定其之间为正强相关，则有

$$u_{T_{\text{FF}}} = u_{T_{\text{ZF}}} + u_{T_{\text{CF}}}$$

C.3.2 副秤的累计终值引入的不确定度 $u_{T_{\text{ZF}}}$ 和副秤的累计初值引入的不确定度 $u_{T_{\text{CF}}}$ 均为

电子皮带秤的显示值，可以认为 $u_{T_{ZF}} = u_{T_{CF}}$，即 $u_{T_{ZF}}$ 及 $u_{T_{CF}}$ 均为电子皮带秤示值引入的不确定度，主要包括：

a) 电子皮带秤显示分度值引入的不确定度 u_{I1}。电子皮带秤显示分度值 $d=1\text{kg}$，由电子皮带秤显示分度值引入的不确定度分量为

$$u_{I1} = 0.29d = 0.29 \times 1 = 0.29(\text{kg})$$

b) 砝码叠加试验累计理论值测量重复性引入的不确定度 u_{I2}。重复进行 10 次砝码叠加实验，叠加砝码整圈累计值测量数据如表 C.1 所示。

表 C.1　重复性测量数据

测量次数	x_1	x_2	x_3	x_4	x_5	x_6	x_7	x_8	x_9	x_{10}	$\bar{x}$
测量数据（kg）	4758	4760	4761	4761	4761	4760	4761	4759	4761	4759	4760

单次实验标准差为

$$s = \sqrt{\frac{\sum_{i=1}^{n}(x_i - \bar{x})^2}{n-1}} = \sqrt{\frac{(4758-4760)^2 + \cdots + (4759-4760)^2}{10-1}} = 1.05(\text{kg})$$

因为砝码叠加累计理论值通常为 3 次平均值所得，所以重复性引入的不确定度分量为

$$u_{I2} = \frac{s}{\sqrt{3}} = \frac{1.05}{\sqrt{3}} = 0.61(\text{kg})$$

c) 皮带跑偏、带速不稳定等其他因素引入的不确定度 u_{I3}。叠加砝码整圈累计值测量过程中，皮带跑偏、带速不稳定等诸多因素都会对测量结果产生影响，根据经验估计这些因素引入的不确定度为

$$u_{I3} = 0.025\% \times 4760 = 1.19(\text{kg})$$

输入量的合成标准不确定度为

$$u_I = \sqrt{u_{I1}^2 + u_{I2}^2 + u_{I3}^2} = \sqrt{0.29^2 + 0.61^2 + 1.19^2} = 1.37(\text{kg})$$

副秤的实际累计值带来的不确定度 $u_{T_{FF}}$ 为

$$u_{T_{FF}} = 2u_I = 2 \times 1.37\text{kg} = 2.74\text{kg}$$

C.4　砝码叠加试验主秤的实际累计值的不确定度 $u_{T_{FZ}}$ 评定

砝码叠加试验主秤的实际累计值的不确定度 $u_{T_{FZ}}$ 来源与副秤的实际累计值的不确定度 $u_{T_{FF}}$ 来源可以近似地认为相同，则

$$u_{T_{FZ}} = u_{T_{FF}} = 2.74\text{kg}$$

C.5　砝码叠加试验累计理论值引入的不确定度分量 u_{D_L}

砝码叠加试验累计理论值是对副秤进行空秤砝码叠加试验测出，由电子皮带秤显示分度值引入不确定度分量 u_{D_L}，电子皮带秤显示分度值 $d=1\text{kg}$，由电子皮带秤显示分度值引入的不确定度分量为

$$u_{D_L} = 0.29d = 0.29 \times 1 = 0.29(\text{kg})$$

C.6　合成标准不确定度 u_E 评定

合成标准不确定度 u_E 为

$$u_E = \sqrt{u_{T_{FZ}}^2 + u_{T_{FF}}^2 + u_{D_L}^2} = \sqrt{2.74^2 + 2.74^2 + 0.29^2} = 3.88(\text{kg})$$

扩展不确定度为（取 $k=2$）

$$U_E = k u_E = 2 \times 3.88\text{kg} = 7.76\text{kg}$$

砝码叠加平均累计量 D_L 为 4760kg 时，相对扩展不确定度为

$$U_{rel} = \frac{U_E}{D_L} = \frac{7.76}{4760} = 0.17\%$$